U1006655

意林励志典藏系列

一则故事，改变一生

意林励志·典藏系列

让幸运来敲门

《意林》图书部 编

陕西新华出版传媒集团
未 来 出 版 社

意林励志·典藏系列④

图书在版编目（CIP）数据

让幸运来敲门 /《意林》图书部编. -- 西安 : 未来出版社, 2019.6
（意林励志. 典藏系列）
ISBN 978-7-5417-6732-6

Ⅰ.①让… Ⅱ.①意… Ⅲ.①成功心理—青年读物Ⅳ.①B848.4-49

中国版本图书馆CIP数据核字（2019）第082034号

让幸运来敲门
RANG XINGYUN LAI QIAO MEN　　《意林》图书部 / 编

编　　者：	《意林》图书部	**总 策 划：**	李桂珍
执行策划：	陆三强　杜普洲	**丛书策划：**	唐荣跃　徐　晶
丛书统筹：	赵党玲	**责任编辑：**	赵党玲
特约编辑：	王征彬	**美术总监：**	资　源
美术编辑：	许　歌　孔凡雷	**封面设计：**	资　源　李雪菲
封面供图：	站酷海洛	**技术监制：**	宋宏伟　刘　争
发行总监：	樊　川　王俊杰	**宣传营销：**	陈　欣　贾文泓
出版发行：	未来出版社	**地址邮编：**	西安市丰庆路91号（710082）
电　　话：	029-84288355	**印　　刷：**	天津中印联印务有限公司
经　　销：	全国各地新华书店	**开　　本：**	710 mm × 1092 mm　1/16
印　　张：	16	**总 字 数：**	305千字
版　　次：	2019年6月第1版	**印　　次：**	2019年6月第1次印刷
书　　号：	ISBN 978-7-5417-6732-6	**定　　价：**	39.00元

版权所有，翻印必究
（如发现印装质量问题，请与承印厂联系退换）

目录

CONTENTS

从当下远走，迎向风暖日和

如花在野，用所有的力量盛放

万人如海，驻一隅安然若素

日日是好日，只生欢喜不生愁

从当下远走，迎向风暖日和

我们可能都是这样的人——总有一天会问：为什么幸运的人总是幸运？关于这个问题，其实每个人应该都能给出藏在心底的答案。只是你需要确认，自己是否应该遵从内心的声音做出改变。实际上，我们内心的声音很多时候是值得信赖的。所以，从现在就出发吧，遵从内心那个声音的引导，迎向风暖日和！

这是我应该知道的

□［美］玛琳娜·兰帕德　译/王文婷

如果你非常想要某种东西，你就会有办法。当你足够强大，世界就会为你让路。

我九岁那年，妈妈因患白血病去世了，我随爸爸从纽约搬到了西部的波特兰。我们新家的房子外面有一个小菜园，爸爸经常带我在菜园里劳动，我很快就喜欢上了一种叫蜜露瓜的植物。

它们那又小又细的卷蕊像小手指一样伸出去，紧紧缠绕在架子上，似乎很无助。我会坐在地上，靠向它们，感觉到它们需要我。爸爸则会坐在他的菜园专用小凳子上，像我看蜜露瓜一样看着契斯曼尼西红柿。

“爸爸！”有一天我问他，“我应该将这些小红花都摘下来吗？”

“你为什么要把那些花都摘下来呢？”他温和地问。

“嗯，我认为它们可能会引来虫子，然后，虫子来了可能会把它们吃掉。”

“不，亲爱的。”他轻笑着说，“那些花很快就会变成蜜露瓜的。”

“真的吗？”

“你等着就是了。你很快就会看到那些小东西变成美好的蜜露瓜。你应该知道这一点。”

“小东西会变成美好的蜜露瓜。”我重复说道。

“对的。”他说。

我每天都会到菜园去查看那些蜜露瓜。每过几天，蜜露瓜就会多出一些来。

“这儿有这么多蜜露瓜，是我把它们照料得好的缘故吗？”我问。

“是的。”爸爸说，“当你照料它们的时候，蜜露瓜就容易生长。你应该知道这一点。”

“当你照料它们的时候，蜜露瓜就容易生长。”我重复说道。

“对的。”他说。

从那以后，我照料那些蜜露瓜更精心了。我除去黄叶子，如果那些小卷须中有哪一根爬不到架子上，我会把它移得更近一些。爸爸对西红柿的照料也是如此。直到有一天，我看到爸爸用一把大剪刀剪去西红柿的一整根枝条。

“爸爸！”我惊讶地用手捂住嘴巴，“你这样做是为什么？”

“这棵契斯曼尼西红柿还不够强壮，支撑不住两根结满西红柿的粗壮枝条。”他说，“我必须去掉一根，以便让这棵西红柿能在剩下的枝条上结出最好的果实。”

“噢。”

“将来有一天，你可能也必须作出同样的选择。”他说。

“什么意思？我也得砍掉什么东西？”

“不，亲爱的。”他哈哈地笑着说，“但你可能必须作出一些选择，因为有时候你无法全部都拥有。”

“这是我应该知道的。”我说。

在随后的几个月里，我更加密切地关注我的那棵蜜露瓜，经常跑去看它长得怎么样了。每隔几天，我都会骄傲地看到更多的蜜露瓜。直到有一天，蜜露瓜不再长出新果实。几个星期后，一个也不长了。

“爸爸，我的蜜露瓜怎么了？”我眼泪汪汪地问，“它不再长出新的蜜露瓜了。”

“就是季节不同了，亲爱的。蜜露瓜在春夏秋时节生长，入冬后停止生长。什么都不能永远持续下去。”

“但我对它那么好。”

“是的。”他说，“但旧事物结束，新事物才会开始。”

“有什么是我应该知道的吗？”

“有。”爸爸说，“季节变换，只有旧事物消亡了，某种新事物才会取代原有的事物。”

“这是我应该知道的。”我说。

我仍然帮忙照料菜园里的其他植物，有一天我对爸爸说：“我真的想念那些蜜露瓜。”

“我知道，亲爱的。”

“爸爸，我在想，我们来盖一间花房怎么样？那样，我们就能一年四季种蜜露瓜了。”

“我不知道。”他说，“也许我们只应该等着合适的季节到来。”

“但我们能试一试呀，求你了，爸爸。”

“我想我们可以试一试。”爸爸同意了。

过了几天，我们的花房就盖好了。最棒的是花房里面的架子从地上一直搭到天棚顶上。

“对蜜露瓜来说，这是一个美好的新家。”我说。

“对契斯曼尼西红柿来说也是如此。”爸爸补充了一句。

我们在花房的一边种上了蜜露瓜，另一边种上了西红柿。过了一个又一个星期，蜜露瓜的秧苗看起来越长越好。爸爸的西红柿也是如此。然后结果实了，我和爸爸都觉得这间花房使用起来非常好。

“瞧，爸爸，我这儿有一个很小的蜜露瓜，还有几百朵小红花。这些蜜露瓜将会成为最好的。”

“你的这个主意真好啊！”爸爸边说边捏了捏我的手。

“爸爸，我想你应该知道点什么。”

“什么？”

“如果你非常想要某种东西，你就会有办法。”

爸爸看着我。我看见他的眼睛里有一小滴泪，那一刻，我以为他要哭了。然后，他的脸上露出我所看见过的最灿烂的笑容。他轻轻地点了点头，又捏了捏我的手。

“谢谢你，亲爱的。”他说，“这是我应该知道的。”

人生一天一页

□［美］詹姆斯·阿尔托奇　编译/陈荣生

人生不是一成不变的，如果你对自己错过改变的东西感到后悔，对自己从未改变的东西感到遗憾，那么为什么不从现在开始，试着改变呢？

这是我讲给我两个女儿听的故事，那时她们还只是孩子。

吉恩·沃尔夫需要将一个烤土豆放进一个网球桶中。

请想象一下，如果你们在工作中被派到这项任务，你们会怎么做？

他把土豆碾成泥，然后将其烤成薄片，再将这些薄片装入网球桶中。

最后，他在薄片上面撒一点盐和一点糖，抹上一点脂肪，也许还加了点调味料。

他把它们称为"品客"薯片。

这不是笑话：最初被赋予这项任务的人最终进了精神病院，而吉恩把这项工作接了过来。

这是人类已知的最伟大的食物之一。如果外星人来了并吃上一片烧烤味的品客，他们一定会断定我们是一个有着高度智慧的种群。

仅凭这一点，吉恩就已经是我的英雄了。

但吉恩认为他的人生使命尚未结束，他还有更多的事情要做。

很多普通人并不像吉恩那样痴迷于地位和创造，他们也许会说："好吧，我已经取得了我人生的成就。我已经达到了我的目的。我已经创造了一种易于存放的食物，它以一种蔬菜为主，撒上盐之后，几十年甚至几百年都能让儿童和成人喜欢。"

我的意思是，你们在这一点上会做些什么呢？

如果我是吉恩，我会躺在我的功劳簿上，收集奖品，与朋友打打高尔夫球，随身带着品客薯片，我也许会长点肚子，但这是值得的。这是我挣来的。

但吉恩知道一个神奇的秘密。他还健在（1931年5月7日生），所以才能够分享这个秘密。

这个秘密就是：人生一天一页。

吉恩作为成年人已达25000天。他每天写一页，每页大约300个单词，分为一段或两段。你们能做到吗？25000页，这大约是80本书的页数。

请坐下来，想想过去一周发生在你们身上最糟糕的事情。这至少够写一段或两段文字了。

吉恩最终写出了50部书，出版了长篇小说，其中多部成为畅销书和获奖作品。

他并没有被定型，也没有被“塞进”那个品客薯片桶中。他没有像他所创造的薯片那样死去，尽管那是他职业生涯的一个巅峰。

相反，他在四十岁的时候，彻底改变了自己的职业生涯，成了有史以来最著名的科幻作家之一。他做了他喜欢做的事情。

这就是让你每天都能活出精彩的原因。这就是推动力。

生活只是每天请你重塑自己的一个邀请。

有一次，我与《双面法医》的作者詹姆斯·马诺斯交谈。他说：“我对成功的定义是，你能够区分开工作和娱乐。”

如果这两者现在对你来说是分开的，那就很好。

我们往往对自己错过改变的东西感到后悔，对自己从未改变的东西感到遗憾。

这就是我今天的一页。

成长就是不断靠近心中的光

□郝景芳

不妨把自己的梦做得更大一点。梦做大了，现实中的挑战才会变小。把梦做大，即使充满失落和忧伤，最终看来，你已然做得很出色。

1

很多人小时候，都曾被父母口中“别人家的孩子”笼罩。那个孩子从小学一年级的期末考试就考年级第一，平时参加各种活动，该玩的都玩，到了高考，依然是年级第一名，大学毕业之后，又拿到硕士、博士和国际奖项。这样的一个孩子，是不是很招恨?

很不幸，我就是这样一个招恨的“别人家的孩子”。但其实我知道，我心中的自我，和别人看到的这个“别人家的孩子”，绝对不一样。我心中的成长岁月，失落多于骄傲。在我眼中，成长并不是充满成功，而是一条永远朝向心中光亮奔跑却无法到达的路途。我在不断失望的过程中鼓起勇气，慢慢长大。我的自我感知，就是向遥远的光亮奔跑的孩子。那光芒太远，令我忧伤。

遥远的光亮是什么呢?是一种“未来我的人生要像这样”的模糊的感觉。

我在学业上一直有遥远的光亮，但考试从不是我的主要目标。初中的时候，我平生最爱的语文老师鼓励我们自由写作，我于是试着幽默地点评三国，还写了几部羞怯的小说。那个时候的我，野心勃勃地想要在高中的时候出版一本畅销书。

但高一之后，一系列阅读让我开始无法提笔。先是马尔克斯的《百年孤独》，我当时就被惊呆了：怎么还能有人写得这么好！他不动声色的讽刺、突如其来的转折、惊人的想象，一切都是更高级的写作手法。

跟马尔克斯的现实讽刺相比，我的写作幼稚得不忍直视。然后我读到卡尔维诺的《看不见的城市》，又被惊呆了：怎么还能有人如此轻灵又深刻?没有任何炫耀学识的大段落，没有厚重历史，但就是能在每个章节读出哲学的闪光，看出洞察。

从那个时候开始，我的写作就谦卑多了。还是试着写了点小说，但一直没有贸然发表。我心里有了光，这道光是马尔克斯、卡尔维诺、罗曼·罗兰、福克纳、塞林格、博尔赫斯、加缪。

后来我尝试在文章里加一点马尔克斯似的非现实元素，但一直不太成功。我写细腻灵动的故事，远没有塞林格的微妙。写短促尖锐的小说，也与博尔赫斯的睿智差太远。少年作家的妄念打消了，我的全部愿望变成能写一些和我心中的偶像相提并论的作品。

这些是我文学上遥远的光。为了离心中的光近一点，我从中学到大学一直尝试，一直笨拙而艰苦地尝试，不断去读文学作品，不断尝试新的笔法。大四开始写小说之后，写下的最早的科幻作品就是《祖母家的夏天》和《看不见的星球》，向博尔赫斯和卡尔维诺致敬。

因为心中有光存在，所以从来没有觉得自己成功。即使高考作文还不错，即使出了书，即使得了雨果奖，在我心里仍然和那遥远的光芒差得太远。至今我仍活在时常的气馁中，但在气馁中继续让自己鼓起勇气。

2

也有人问我，你这么喜欢文学，高三又得了新概念作文一等奖，为什么不读中文系？一方面，我没觉得新概念作文获奖就能证明自己有文学才能；另一方面，当时我心里还有另一道更远、更强烈的光芒在照亮。

这要追溯到小学三年级，我爱上了《少年科学画报》，被里面有趣的机器人漫画迷住了。后来读《十万个为什么》，我在天文卷里读到，宇宙里有一种奇特的星星："中子星上面每一立方厘米物质，都需要一万艘万吨巨轮才能推动。"我当时惊呆了。后来不止一次跟人讲过，每个人一生中可能都会有一些晕眩时刻，这就是让我目瞪口呆的晕眩时刻。从九岁开始，我就想学天文学，中间虽有反复摇摆，但最终我在第一志愿栏里填了物理系。为什么不报中文系？因为我最大的梦想是住在群星之巅啊！

高三的时候，我偶然看到一些有关量子力学的科普作品，被深深吸引了。后来，顺着这条线，我读到了玻尔、海森堡和薛定谔的一些文章。在这个时候，我正式找到了人生最大的偶像：薛定谔。读到他的一篇文章，有关宇宙与人的意识，有关意识的本质，有关感官与现实的关系，我一下子有了开窍的感觉。

在那之后，我热烈爱上科学哲学，又找了薛定谔和笛卡儿、莱布尼茨、牛顿的一些文章。我后来了解到，薛定谔三十几岁发表了著名的薛定谔方程，他写的一本小册子《生命是什么》直接影响到克里克发现DNA。他对古典哲学和古印度哲学有深入研究，他懂六国语言，曾经把《荷马史诗》从古希腊语翻译成德语。他业余时间喜欢写诗，喜欢雕塑，喜欢和生物学家友人一起散步，讨论生命哲学。他低调、内敛、思辨，对经历的二战磨难讲得云淡风轻。他就是我最想成为的那类人：洞悉世界，洗尽铅华。

大学时最大的失落就是，发现自己的思考能力和成果，恐怕永远也赶不上偶像的衣服一角了。我对物理实验现象的理解只能做到皮毛，没办法参透更高层次的规律。我的数学能力也很有限，心里的图景，完全没法用数学语言表达，这时才知道偶像轻描淡写的方程的得出有多不容易。

有人问我，大学时的失落和焦虑是不是因为在班里排名不好。这只是很少一部分原因，我心里巨大的忧伤，是发现自己一辈子也达不到偶像的思维境界。

3

我的成长就是这样，与不断的忧伤相伴，永远觉得自己还不够好，心中的光很遥远，只能做到期望的一小部分。如果目标是100，那么我的人生成就，无论是考进清华、出书，还是再加上雨果奖，也到不了10。

我的努力是因为心中有光，忧伤也是因为心中的光。我从来没觉得自己就是“别人家的孩子”，因为我心中也有“别人家的孩子”，他们是真正值得追寻的光。

在这样反反复复失落和忧伤的过程中，我却有了意想不到的所得——如果你给自己设定的目标是100，最后哪怕只做到10而内心失落，但也会惊讶地发现，自己很拿不出手的成绩已经比环境的要求高一些了。对周围来说，做到10已然不错。

我心中对高考的感觉就是这样。我知道自己需要通过高考，但从来没有把高考当作目标。高考只是我摘星之梦的一小步，我渴望找到宇宙的宝藏，因此必须学一些基本技能。虽然最后的结果显示，我可能永远找不到宇宙的秘密了，但由此积累的技能，应付高考还是绰绰有余的。

这是我近期才想明白的事：把梦做大一点没坏处，梦做大了，现实中的挑战都是小事。即使充满失落和忧伤，在别人看来也已经挺成功了。如果希望我给后来的孩子们一些建议，那可能只有这一点：把梦做大一点，看得远一点，即使做不到也没关系。即使到不了宇宙尽头，也强于只看到水塘尽头。

黑森林蛋糕上的樱桃

□程　玮

美貌固然值得羡慕，但它只是上天赐予我们的额外的礼物。它能点缀一个人的生命，却跟一个人的成就无关。一个人的外貌再惊艳，他的成就依然需要付出努力去实现。

很遗憾，我没有女儿。

但是，在我的心里，永远住着一个女儿。

在不同的生活阶段，我对心中的这个女儿有着不同的期待，但有一个期待始终没有改变，并且始终位于第一，那就是：美丽。我想，这是因为中国文化对我根深蒂固的影响。在中国的传统文化中，女性的美貌是可以倾国倾城的。从“杨家有女初长成”到“冲冠一怒为红颜”，这些故事和传说告诉我们：一个普通的女孩子，可以凭借美貌为自己的命运，甚至为整个家族的兴衰翻盘。而我则相信，一个美丽的女孩子可以得到这个世界一份额外的呵护和温情的对待。一个聪明的女孩子如果有美貌相助，就像远航的小船插上了风帆，可以驶得更远。

直到有一天，我结识了一位女孩子。

那时我还在德国电视二台做纪录片制片人。有一次做回国拍摄的前期准备，在报来的摄制组名单里，摄像助理是个女人的名字。我吃了一惊。一个摄制组里可以有很多女人，但摄像助理永远应该是男人。摄像助理是摄制组最苦的那一个，他的工作是帮摄像师扛三脚架，拿摄像机，背摄像包。晚上大家睡觉时，他还得负责给电池充电，一夜起来好几次。干助理的一般都是结结实实的小伙子。

我考虑再三。如果我们固定在一个城市拍摄，我可以给这个女助理再找个助理扛东西。但我们去的城市比较多，不可能在每个城市都帮她找个助理。我给导演打电话，问他是不是必须用一个女助理。他说是摄像师的意思。这女孩子刚刚学习结束，她学的就是摄像助理。导演说，如果他提出异议，工会马上就可以告他歧视女性。既然这样，那我这个女性就更不能歧视女性了。但是我说，如果一个女孩子背着摄像包，扛着三脚架，我们都会于心不忍，到时候是帮她还是不帮她？导演沉默了一下，说这是她的工作，大家各负其责吧。

见到女助理的时候我大吃一惊。这是个金发美女，属于绝色的那种，明眸皓齿，顾盼生辉。最可贵的是，她很率真很自然。碰到应酬的饭局，不管什么人给她敬什么酒，她总是爽快地一饮而尽。街拍的时候，她背一个沉重的摄像包，扛一个三脚架，跟在摄像师后面在人群里挤来挤去。连我这样打定主意各负其责的人都看不下去，忍不住要去帮她一把。但她总是笑眯眯地谢绝，说她扛得动。有的行人看不下去，出来打抱不平——不是说外国男人都有绅士风度吗，怎么让这么一个美女扛东西？还有一次，一个中年男人跟了我们好几条街，最后偷偷把我拉到一边说：“帮一个忙，你跟她说，让她嫁给我。我不会让她吃这样的苦，我会把她供起来，她想吃什么就吃什么，想干什么就干什么。”

后来，我把这件事告诉她。她嫣然一笑，说她一直吃自己想吃的东西，干自己想干的事情，哪里用得着一个男人来帮忙。她说她当然不会一辈子干这一行，她现在年轻，没有钱，只是想借助这份工作，周游世界。

我很有感触。以她的美貌，完全可以嫁个有钱人，风风光光、漂漂亮亮地周游世界。可她完全没有这样的想法。我也很惊叹。我，一个在海外居住了几十年的中国女性，寻寻觅觅，兜兜转转，对女人的认知竟然还停留在陈旧的思想里。我和大部分人一样，认为一个女孩子如果生得美丽，就天生具备少干活多挣钱，或者是不干活也有钱的资本。而这个在德国黑森林里长大的女助理，从来没有被灌输过这样的观念。她说，她的父母一直告诉她，女孩子的美貌就像黑森林蛋糕上的樱桃，它能点缀装饰蛋糕，但跟蛋糕本身的质量没有什么关系。她的父母、亲人、老师、朋友，也很少夸赞过她的美貌。所以，从小到大，这女孩子一直知道，她的人生，需要她自己努力。在她选择生活的时候，她从来没有考虑过用自己的美貌作为筹码。

相处熟悉后，我私下问她有没有遇到过男性的骚扰。她说，当然。可是，她从来没有过一丝的恐惧，因为她是自由的、独立的，她不需要看任何人的脸色，她会底气十足地跟那些人大声说不。

时光流逝，世事变迁。我想，在今天的社会里，我心中的那个女儿，应该是一个人格和经济都独立的、心灵和思想都自由的、开朗勇敢的女性。至于美貌，确实也很珍贵，但它只是上天赐予的额外的礼物，是黑森林蛋糕上的樱桃。

“叛逆”诺奖得主的超“硬核”人生

□报可爱

成功源于努力工作，只要持续不断地学习，终有一天，那些付出足够努力的人可以爬上山顶，欣赏山顶的风景。

2018年诺贝尔化学奖得主之一、美国学者阿诺德的人生充满传奇，可以说她是一名酷到不行的“硬核”科学家。

阿诺德的父亲是一名核物理学家，她的爷爷曾经做过美国陆军中将。年少时期的阿诺德，根本看不出一点科学家的影子，完全就是一个叛逆少女。她曾说：“当时在高中，我正为匹兹堡的一家出租车公司开出租呢！”她甚至在一家爵士乐的俱乐部里当过鸡尾酒服务员。1974年高中毕业，她收到了厚厚一沓的逃课通告单。那段时间美国国内反对越战的情绪高涨，她曾只身一人，从匹兹堡搭车去首都华盛顿，和其他人一起参加反越战游行。参加抗议并未耽搁她考大学，之后她进入了普林斯顿大学，学习机械和航空航天工程，据说是当时班里唯一的女生。

大学时，她学了经济学和俄语，为了搭讪意大利来的博士后研究员还顺便学了意大利语，甚至还休学了一年，去意大利制造核电站零件。

1979年大学毕业前，她的生活轨道和化学始终没有交集。但里根总统的新能源政策改变了她的人生轨迹。毕业后她选择了去加州大学伯克利分校学习化学工程，并在1985年获得博士学位。博士毕业后，她在加州大学伯克利分校和加州理工学院进行博士后研究。

作为那个时代极少数的女性博士，在实验室里，她并没有受到太多男性的尊重，她被描述成一个“狂妄”的“咄咄逼人”的人，可是这些事情并没有影响到她。她甚至因此而加倍努力，进行过无数次“便宜而快速”的实验。她曾说：“如果一个实验不起作用，大不了我就进行100万次实验。我不在乎前999999次的实验有没有作用，我只想找到100万次里面成功的那一次。”

1999年之后，阿诺德又开始关注新的领域——可再生能源，随后她成立了一家公司。除了做研究、开公司，她还担任阿卜杜拉国王科技大学的总统顾问委员会委员、伊丽莎白女王工程奖的评委，甚至为好莱坞的编剧担任科学顾问。

在诺贝尔奖之前，阿诺德已获奖无数。美国前总统奥巴马还曾亲自为她颁发过国家顶尖科学家和创新工作者的奖章。

如果我们前面描述的她的“酷”是因为她的职业生涯的话，那么同样“酷”的，是她对待生活的态度。

她的婚姻是不幸的。她的第一任丈夫，被称为生物化学工程的先驱，于2001年在癌症的折磨中去世。走出人生阴影的她，在加州理工学院又碰到了一个爱她的人，一位被加州理工学院院长称为“真正伟大的物理学家和天文学家”的人。

2005年，阿诺德被查出患有乳腺癌，她接受了为期18个月的治疗，虽然治疗过程很痛苦，最终她还是在癌症中活了下来。不幸的是，刚刚战胜病魔的她，却收到了另一个噩耗，她的第二任丈夫自杀离世了。

阿诺德有三个儿子，她的大儿子在伊拉克去世，小儿子在车祸中丧生。阿诺德在参加2018年伯克利大学化学系的毕业典礼时，讲述了小儿子的故事，声音几度哽咽：“他本来也会跟你们一样，在这周毕业。我和他的哥哥每天都很难过……不过看到你们的脸时，我是快乐的，因为从你们的脸上，我仿佛看到了他。我在你们的脸上看到了他的梦想，看到了他和你们一样的热情。当然，我也能看到你们的焦虑。”

当我们感叹她的一生如何“硬核”而杰出时，我们无法理解她失去丈夫、失去孩子的痛苦。她是一位科学家，更是一位母亲。当她看到眼前一个个准备在未来打拼出一片天地的孩子时，她看到了自己孩子的影子。她必须承载着这份痛苦前行，并把这份痛苦寄托在为人类进步做贡献上。

正如她在典礼最后所说：“未来是未知的，有时可能会令人失望，但未来是用你们的双手构建的，请不要害怕。是时候用你们所掌握的技能，来让这个世界变得更好了。你们有责任用你们的学识去为这个世界做些什么，而不单单为了自己和家人。因为在这个小小的、美丽的星球上面，我们彼此分享，为我们的下一代去着想。所以，我希望你们能找到一些你们可以做得特别好的事情。我希望你们能构建美好，我希望你们能创造一些有意义的事情，即使这些事情非常微小，因为你们可以看到自己的进步，而且这些事情会给你们带来快乐。最后不要忘记，成功源于努力工作，希望你们可以持续学习。终有一天，你们会爬上山顶，欣赏山顶的风景。”

完美与缺失

□李锦芳

人生总会有这样那样的缺憾，我们应该对有些事殚精竭虑、苛求完美，而对有些事则坦然面对、忽略不计。在这种加与减的选择中，人生的境界才能变得层次分明起来。

李沆曾担任北宋宰相，因为性格内向，当时的人私下里给他起了个外号，叫“无口匏”，用今天的话来说就是“闷葫芦”。可不爱说话，并不意味着思维短路，相反，他是个工作标准很高，总在追求完美，眼里容不得一粒沙子的人。

李沆白天上班时，神态严肃，言谈举止都符合规范，没有一点越礼的地方。下了班，照说紧张一天，应该放松一下了，可他吃过饭之后，必定在书房里正襟危坐，思考需要处理的事情，即使感到劳累，也不肯躺着。他不仅自己如此，还把这种精神迁移到了别人身上，甚至连皇帝也不例外。

景德元年（公元1004年），明德皇太后不幸去世。仅仅过了两天，正饱尝丧母之痛的真宗皇帝就接到了宰相李沆的一道奏书，内容是要求他立刻上朝办公听政。这事在谁看来都未免不近人情，真宗皇帝自然也没有理睬。两天后，李沆的又一道奏书呈了上来，真宗还是来了个以静制动。又过了两天，李沆见来文的不行，便带领文臣武将一帮人，来到万安宫门前，像集体抗议一般，非要请重孝在身的皇帝出来对话。真宗无奈，“号泣见之”，悲痛的心情还远没有平复，李沆却一句劝慰话都没有，理性到近乎冷酷地说：“军国事繁，不可暂旷。愿以天下为念，早俞众恳。”意思是说咱们国家现在内忧外患，军国大事很多，不能有一刻暂停，请您以天下为念，早点出来工作吧！

李沆不仅要求皇帝能够勤政，而且经常变着法子给他心里添点儿堵，经常把当时天下所发生的一些灾祸，不管是水灾、旱灾，还是盗贼等，都汇总起来，直接向皇帝报告。而且越是在皇帝心情好的时候，越要告诉他一些这样的消息。参知政事王旦很不解，觉得有的琐碎小事根本不值一提，为什么总要讲出这些不好的消息让天子烦心呢？李沆解释说："皇上还年轻，应当让他知道各地艰难的情况，经常怀着忧虑警惕之心。如果皇上不晓得天下百姓的疾苦，又如何能教化、治理天下呢？不然的话，血气方刚的皇帝要么沉迷歌舞、美色、珍玩，要么就要大兴土木或发动战争了。我老了，来不及看到了，这是你未来的忧虑啊！"多年以后，宋朝通过澶渊之盟换得了暂时的和平，真宗果然大搞封禅、祭水、营造宫殿等劳民伤财的活动。此时，王旦想起李沆当年的预言，不由得感叹说："李文靖（李沆于公元1004年去世，谥号文靖）真是圣人啊！"

李沆做任何事都有自己的标准和依据，超越了他所设定的底线，即使是皇帝，他也会大声说不。有一阵子，真宗宠爱上了一个刘姓宫女，打算册立她为贵妃。一天晚上，真宗便派一个使者拿着自己的手谕去见李沆。李沆看了一眼，就拿来正在燃烧的蜡烛，当着使者的面，将诏书烧掉了，并告诉他说："你回去，就说李沆认为这样做不可。"真宗没办法，册立的决定也就作罢了。又有一次，驸马都尉石保吉请求担任使相，这其实也就是一个没多大实权的荣誉头衔，真宗想关照一下这个女婿，就征求李沆的意见，不料却遭到了这位宰相的坚决反对，他说："赏赐、加封的做法，都要有理由。石保吉没有打仗的功劳，只因是内戚，就封他为大官，恐怕会招来非议。"真宗心有不甘，"再三询之"，可李沆就是不为所动，坚持最初的意见，这件事也只好搁下了。

在一般人的想象中，作为一人之下、万人之上的首辅，李沆的府邸纵然不是金碧辉煌，也该是深宅大院，亭台楼阁无所不有的。然而实际的情况却是，宰相府议事厅前的面积仅够一辆马车转弯掉头，这显然与宰相的身份十分不符。许多人不理解，纷纷劝他新修或扩建宰相府邸。对此李沆只是一笑，回答说："这个宅子是传给子孙的，作为宰相议事厅，确实小了点儿，但作为家庭祭祀、举办礼仪活动的场所，还是绰绰有余的。"家里的墙壁损坏倒塌，李沆都没有关心过。有一天，花圃的栏杆塌了，夫人告诉管理的人不要修葺，以此来试探李沆。李沆每天都从那里经过，可都视而不见，毫无反应。夫人为此难免会有所抱怨，李沆却反过来批评她说："怎么能拿这种事来分我的心呢？"家人劝他修建宅第，他从不理睬。弟弟李维实在看不过眼了，也提及此事。李沆这才说："朝廷给我的俸禄和赏赐，其实也够修房盖屋的，但佛法里说世界总是有缺陷的，岂能事事都追求圆满如意呢？鸟在林中树枝上做个窝，就已经满足了，我怎么能追求大宅子呢？"

我们所生活的世界并不完美，就像人生总会有这样那样的缺憾。李沆对有些事殚精竭虑、苛求完美，而对有些事则坦然面对、忽略不计，人生的境界就在这种加与减的选择中变得层次分明起来。

年轻时早该知道的二三事

□沈祖尧

过每一天就像是过自己的最后一天，这种感觉会告诉你每一天都是珍贵的，然后你会努力去做想做的事。

斯坦福大学有一门课程，叫“二十岁早该知道的二三事”。这是教怎样做人的课程。

当你还是一个学生或者准备在社会里做事情的时候，你应该从自己的思维空间跳出来，把眼光和思想放开，不要凡是老师讲的都接受，你要发问，唯有这样才有创新的思维。要创新的话，眼光要宽点，要在不同的领域都有一点知识。

现在的年轻人除了课本以外就在网上浏览，而没有好好看其他的书——跟考试没有关系的书，其实这些书里面有很多东西是在学校无法学到的。哈佛大学的校长曾这样说：“毕业十年以后，你念过的一半知识是错的，但是很可惜，我不知道哪一部分是错的。因为一切都在不停地变化，我们现在认为对的事情，五年、十年之后可能是错的。所以，你要是没有把眼界和思想打开，到了五年、十年以后你就落后了。跟其他同学谈话的时候，你就会很贫乏。”

在你的人生过程里有没有这样的经历呢？有没有觉得为什么尽了最大的努力，用了所有的时间、智慧和努力，还是没有得到希望的结果呢？当然，失败和挫折是我们非常需要的课程，失败最重要的是给了我们一个新的门。

现在给你看一个有趣的例子，史蒂夫·乔布斯——苹果公司的创始人。他是一个养子，养父也没有念过什么书。他生活在不太富有的家庭里，没有念完大学。他说人最重要的是找到你最爱的是什么。我想请问大家，有没有人知道你最爱的是什么——除了男朋友和女朋友之外。

你一定要找到自己爱的东西！因为我们的生活不单单是工作。不要让你的爸爸妈妈告诉你应该做什么，你应该找到自己最爱的，然后一直去锲而不舍地追求这个东西。可能在这个过程里，你会有失败，你会碰到钉子，你会感觉前面好像没有路可以走。所有的人都知道乔布斯被自己的公司开除了，但是他没有放弃，他最终做成了最大的公司。

乔布斯给我们的启示是，过每一天就像是过自己的最后一天。这种感觉会告诉我们每一天都是珍贵的，我们必须努力去做喜欢的事。

我在医院里面发现，不论是年纪大的还是年纪轻的，当他们患上重病的时候，都会慢慢想到家人对他的爱是怎样的，他对旁边人的感觉是怎样的。也会回顾他这一生所做的事情，什么是有价值的，什么是没有价值的。他们会慢慢发现人生的重要性。人生的重要性不是看活得长短，而是看活得有没有意思，是不是一个灿烂的人生。我在临终之人身上发现，他们最后大都是带着这种感觉离开的。乔布斯讲的话非常对，我们应该在每天活着的时候，特别是健康地活着的时候，就想想“如果今天是我的最后一天，我应该怎么去活”。有一句话是这样说的：当你出生时，你在哭泣，而周围的人笑容满面；当你离开时，你在微笑，而周围的人都在哭泣——这就是最好的人生。

你最想做的事是什么

□唐辛子

你最想做的事是什么？你有没有因为想做好一件事，甚至愿意花一生的时间去为之努力？

接到“CoCo一番屋”宗次先生的电话，邀请我去他的音乐厅。下雨天，我撑着雨伞出了门。“宗次音乐厅”位于名古屋市中心，一幢名叫“荣”的有着白色外墙的大楼里。

宗次音乐厅的梯形大厅拥有一流的空间设计。在这里可以观看来自日本各地和欧洲各国的大小乐团的演出，还可以欣赏到活跃在乐坛的音乐名家的个人音乐会。宗次音乐厅的日程表，连明年的都已经排满了。

与开阔的音乐大厅相比，宗次先生的办公室显得非常拥挤。四面墙做成书架，上面摆满了书和碟——都是与古典音乐有关的。

这真是让我有些惊奇。宗次先生是日本最大的咖喱连锁店——CoCo一番屋的创始人，以前为了写关于CoCo一番屋的文章，我查阅过不少关于宗次先生的资料。记得有一本杂志曾写道，宗次亲自经营和打理咖喱屋，每天从早到晚埋头工作，三十多年来不仅不参加任何社交活动，就连电影也没看过一场。因为他一天到晚就想着怎样将咖喱屋经营好，经营出特色，所以没有多余的时间和心情去顾及别的。

为此，有人忍不住好奇，一个劲儿地问：“宗次你真的什么爱好也没有？你再想想你到底爱好什么？”被问急了，宗次就回答说：“我的爱好是爱太太。”我对于这一段印象非常深。这让我明白，孤儿出身的宗次先生，为何能在日后获得巨大的成功。

我问宗次先生：“您是从什么时候开始喜欢音乐的？”“从十六岁的时候开

始。”宗次先生边回答边从他办公桌旁的书架上拿出一张旧唱片，说道，“你看，这是我刚工作不久买的第一张唱片，是我所收藏的唱片里最珍贵的一张。”

我打开那张唱片，封套内页上写着这样几行字：“生日快乐！这是我最珍爱的一张唱片，送给你。什么时候我们一起骑车去兜风吧！——宗次”。这段话是年轻的宗次写给他当时的女朋友、现在的妻子——直美的。

“那时候我才二十一岁，什么都不懂。”宗次先生坐在我的对面，微笑地摇头说道。他的话让我想起一首日语老歌的歌词：“年轻的我什么都不怕，只有你的温柔让我害怕。”

宗次先生热爱古典音乐，宗次夫人直美则生性活泼，喜欢流行音乐和卡拉OK。夫妻二人的性格爱好完全不同，却几十年如一日携手努力，做出日本最大的咖喱连锁店。现在，CoCo一番屋在日本本土和海外共拥有1464家店铺（其中日本本土有1299家），截至2018年2月，销售额为966.81亿日元。为此，日本媒体赞誉宗次为“日本咖喱之王”。

但宗次在五十三岁那年决定只做顾问，将公司社长的位置让给了与自己毫无血缘关系的滨岛俊哉。他则与妻子直美一起创办了非营利法人财团“Yellow Angel”，宗次音乐厅便是“Yellow Angel”下属的一部分。宗次说：“五十岁过后，我想给自己的人生区分出一个段落。我从十六岁喜欢上古典音乐，现在，我终于能以最放松的心情，在自己的音乐厅里聆听我喜欢的音乐了。”

下午1点，也就是我去拜访宗次先生之前，他刚刚完成一场午间音乐会的接待工作。在我2点多跟他告别之后，他马上要做傍晚第二场音乐会的准备。五十岁之前为事业奋斗，五十岁之后为爱好努力，眼前的宗次先生是个幸福的人。虽然宗次先生一出生就被送进了孤儿院，有着不幸的童年和困苦的成长岁月，但他靠自己的努力获得财富，并且无论贫穷还是富有，始终按自己的意愿生活，始终深爱自己的妻子。他是一个真正成功的人。

回家的路上我乘错了地铁，朝反方向坐过两站之后才回过神来。我在想我看过的一本书，那本书中这么问道：你最想做的事是什么？你有没有因为想做好一件事，甚至愿意花一生的时间去为之努力？有没有呢？独行在绵绵小雨中，我扪心自问。

唯有更远才够远

□邢　洁

只有那些愿意冒险走更远的人，才有可能发现一个人可以走多远。一次又一次与不可能性抗争，无疑是最激动人心和难以企及的品质。

2018年3月，一则简短的消息在全球越野圈荡起涟漪：“著名的加拿大耐力跑运动员盖里・罗宾斯第三次尝试巴克利100英里超级马拉松失败，宣告今年的巴克利马拉松无人完赛。”自1986年巴克利马拉松第一次开赛以来，只有15人成功跑完全程，完赛率不到1.3%，其间有多达十几届无人完赛的“辉煌”纪录。

巴克利马拉松的路线设在美国田纳西州东部的冰顶州立公园内，全长100英里（约161千米），选手要绕20英里起伏很大的山道跑5圈，比赛限时为60小时，累计海拔超过18000米，相当于要在60小时内连登5次富士山。不仅如此，许多路段达到每千米上升488米的陡峭度，且布满粗粝的荆棘和断树。这场比赛既没风景，又无标记，荒凉得仿佛与世隔绝。每年三月底至四月初是田纳西州的雨季，气候多变，温差悬殊，选手们注定要在早春的凄风冷雨里，在湿滑陡峻的山路上苦苦寻觅挣扎，拖着僵尸般疲惫麻木的躯壳，与迷路、脱水乃至幻觉纠缠搏斗。常有选手因为极度的脱力而直接栽倒在赛道上昏睡过去，刮伤、跌伤更是家常便饭……

赛事对于选手的要求极尽严酷苛刻之能事。参赛者必须遵从主办人加里・坎特雷尔设计的一套“冷血”规则：第一，禁止陪跑和后援，赛道上只有两个补水站；第二，每一圈的全部装备补给都需要选手自己全程携带；第三，除了纸质地图和指南针之外，不准携带包括GPS在内的任何智能定位设备；第四，除了艰难行进，每一圈还必须要找到事先藏好的7至13本旧书，并收集对应参赛号码的书页，以证明自己确实严格遵照了错综复杂的比赛路线。另外，几乎每年赛道都要加入新的山头，以增加难度。

巴克利马拉松赛的成立源于一宗越狱事件。1977年，马丁·路德·金的刺杀者詹姆斯·厄尔·雷从邻近冰顶州立公园的一所监狱里越狱，54小时后被成功缉获。令人惊讶的是，整整54小时，他竟然只逃到了距离监狱12千米的地方，当警犬发现他的时候，他已经伤痕累累，奄奄一息地倒在树丛里。这令人不得不佩服当年监狱选址人的眼光，巨大阴森的不毛之地让人难逃它的魔掌。田纳西本地的马拉松选手加里·坎特雷尔从这次事件中获得了灵感。于是，一项“荒诞”的赛事——巴克利马拉松，就在这片丛林里诞生了。因此，也有人说，巴克利马拉松根本不是比赛，它是一条越狱之路。

1995年，英国人马克·威廉姆斯没有像其他人那样，作茧自缚地告诉自己“完赛100英里是不可能的”，最终用时59小时28分钟跑完全程，成为历史上第一个完赛巴克利马拉松的人。

布雷特·毛内斯或许是坎特雷尔最不愿意见到的人。2011年，毛内斯首次参加巴克利马拉松就成功完赛，2012年不仅蝉联了冠军，还创造了保持至今的52小时零3分钟的赛会纪录。坎特雷尔当年曾放言：“要是给我54小时，我能走出100英里那么远。”可事实证明他输了，他这个创始人在巴克利马拉松的最好成绩也只是完赛一次。他没想到，他当年做不到的事情，毛内斯却做到了。

巴克利马拉松史上最伟大的参赛者是生于1980年的美国人杰瑞德·坎贝尔，他分别于2012年、2014年和2016年三次完赛。他曾说：“在巴克利，可能一坨鸟屎都会让你无法完赛。路段陡峭，你需要用屁股顺势滑下，或抓住多刺的树枝攀爬，这不是传统用脚跑的马拉松，这简直是在与恶魔斗争。”

三十三年来，参赛选手中不乏世界级超难赛道的冠军选手，还有不少户外耐力达人。然而对于近99%的参赛者而言，失败是注定的结果。巴克利马拉松的选手们都非常清楚，这项比赛的设计理念就是让他们不可能完赛，但他们仍然满怀热情，一次又一次地回到比赛的起点。2009年的完赛选手安德鲁·汤普森就是一个例子，他在第十次挑战巴克利马拉松后才获得了成功。

巴克利马拉松的赛道越来越长，爬升坡度越来越陡，完赛率永远无法升高。然而今天绝大多数失败者所表现出的能力，早已大大超越了早年的选手，甚至是完赛者。因此有人打趣说，这项赛事也从某个角度记载了一段人类耐力极限的进化史。

“只有那些愿意冒险走更远的人，才有可能发现一个人可以走多远。”巴克利马拉松就是这样的存在。你必须跑得快，哪怕很可能会随时崩溃；你必须睡得少，哪怕很可能会随时昏睡过去；你必须在彻底绝望前开始新的一圈，哪怕你铁定无法按时完成；你必须走得更远，因为唯有更远才够远。

时间只是陪衬

□马亚伟

时间只是陪衬，根本不能左右人生的成败。如果你每一天都活得充实，竭尽所能地做好分内之事，即使时间飞一样流逝，当你回首走过的路时，也是无怨无悔的。

我们总是太过迷信时间的力量，也太过在乎时间的流逝。有些人以为，时间主宰着一切，世界每时每刻都被时间改变着。

其实，时间只是陪衬。世界原本是没有时间概念的，人类出现之前，整个世界都是混沌蒙昧的，但沧海变成桑田，山峰夷为平地，一切都在悄无声息或者惊天动地改变着，没有什么能够阻止变化的进行。这种变化，不是时间赐予的，而是事物本身在发生改变。沧海收起狂澜越来越平静，滔天的水势终于化作浅滩，化作桑田；山峰在某一次地质变化中受到震撼，于是坚硬的内部开始分崩离析，最终轰然倒下，成为平地。

爱因斯坦说，时间和空间是人们认知的错觉，现在、过去和将来之间的差别只是一种错觉。时间倒流或回到过去，其实是建立在一个不存在的逻辑基础上的。是的，时间不参与改变。

我总觉得，时间是我们人类为了把握生命刻度而“发明”的，用来丈量一生的长短不同、一年的寒暑变化、一月的月缺月圆、一天的晨昏交替。我认为植物和动物是没有时间概念的，所以它们活得更自在些。即使植物有年轮，动物有寿命，也是我们人类按照自己的思维方式来计算的。动植物应该是顺应着自然的规律，简单而自由地活着。而我们却常常成为时间的奴隶，为时间所累，活在时间流逝的惶惑不安之中。

我身边有个三十多岁的男人，终日感慨着：“我都三十多岁了，都说三十而立，可我要事业没事业，要爱情没爱情。掰着手指头算算，四十岁马上就到，我的人生要完蛋了！”他有必要那么急切惶然吗？时间只是陪衬，根本不能左右你人生的成败。如果你每一天都活得充实，竭尽所能地做好分内之事，即使时间飞一样流逝，当你回首走过的路时，也是无怨无悔的。我们经常在年终时慨叹时间过得太快，但回想所做的一切又觉得人生那么有意义。没有虚度，便能心安。尽管面对时光的流逝，我们都有些惶恐，连孔圣人面对滔滔流水都感喟：“逝者如斯夫，不舍昼夜。”越是如此，我们越要去主宰时间，而不是枉自嗟叹。时间只是陪衬，生命的主体是你自己。

有个遭遇不幸的朋友，大家劝慰他说：“相信吧，时间是最好的药，一切都会过去的，伤痕也会被时间抹平。”其实说到底，时间不过是个陪衬，真正改变的是他自己。他的伤口从鲜血淋漓到逐渐结痂，内心的挣扎过程只有他自己才能体会。痛苦，是沉沦的沼泽，还是强大的起点，关键在于你自己，跟时间没关系。人在经历了苦难磨砺之后，会不会破茧成蝶，不在于时间。同样的时间，有的人涅槃重生，有的人永远死去。

时间不过是生命的陪衬罢了。“滚滚长江东逝水，浪花淘尽英雄”，大浪淘沙，留下的是那些能够主宰自己命运的英雄。刀光剑影，鼓角铮鸣，一切都会被记录在案。时间，相当于纸笔，只是简单的记录者，而其所记述的内容，是由我们自己决定的。

时间只是陪衬，不会改变什么，左右什么，没有力挽狂澜的力量，没有扭转乾坤的作用。归根结底，生命之书是我们自己书写的。

十八岁，决不投降

□寒烟衰草

生活中，我们总会经历这样那样的绝望，这时再坚持一下，再勇敢一点，那些击不垮你的绝望，最终会变成光，把未来的路照亮。

1

你经历过触不到底的绝望吗？一个人被困在黑暗里，伸手不见五指，看不到方向，听不到声音，没有任何人、任何力量可以拉你一把，不知道该怎么办。

我经历过。那年我十八岁，高三。

那天正在上课，班主任突然推开教室的门，示意我出去一下。走到教室外面，看到小叔叔在等我。学校实行封闭式管理，我住校，已经20多天没回家了。我问小叔叔："你怎么来了？"

"家里出了点事，你跟我回去一趟吧。"

我收拾了两本书，跟着小叔叔出了校门。路上，小叔叔叮嘱我："你妈生病了，你要有心理准备。"

"什么病啊？什么时候的事？"小叔叔的话让我慌了神。

"前段时间突然晕倒了，这几天越来越严重，转到了重症监护室，今天下了病危通知书，要动手术。你爸精神状况不太好，我只好把你叫回来。"小叔叔尽可能放缓语调。

"这么大的事，怎么不早告诉我！"

"你妈不让我们说，怕影响你学习。"

如果不是已经很严重，他们大概会瞒着我直到高考结束。

到了医院，我透过观察室望去，妈妈躺在病床上，脸色蜡黄，颧骨高高凸起，颓败虚弱。爸爸蹲在墙脚，一脸麻木。我喊了一声"爸"，他连眼皮都没抬一下，像一尊雕塑，动也不动。

小叔叔告诉我，从我妈住院开始，我爸的精神状态就越来越差。今天听说病危，他不签字，也不说话。医生说是重压之下，激发了抑郁症。

那一瞬间，我突然就崩溃了，连眼泪什么时候流出来都没有察觉。上一次看到爸爸妈妈，他们还微笑着冲我挥手道别，让我到学校好好学习，怎么一下子就全都变了……

浑浑噩噩地见了主治医师，那是我第一次见到病危通知单，第一次在手术单上签名，拿起笔觉得有千钧重。不手术，只能等待生命耗尽；做手术，也许生命马上结束，也可能换来重生。要怎么选？我拿着病危通知单，手抖得像个筛子。

我换上隔离服，进了重症监护室。也许，这一面后，就是阴阳相隔。

我握着妈妈的手，眼泪止不住地往下掉。妈妈努力挤出一丝微笑："囡囡，别哭，要坚强。你自己要好好用功，也要把弟弟管好。咱家有3张存折，密码是家里电话号码后6位倒过来，就在床头柜底下那个抽屉。一个留着给你上学用，一个给你弟弟上学用，剩下的一个备用……"

"妈，别说了，你不能有事，你有事了我和弟弟怎么办？"

"囡囡，妈妈会努力，妈妈会努力的。"

这是手术前我听到妈妈说的最后一句话。我多想她能像平常一样，在我恐惧、害怕、掉眼泪的时刻，拍拍我，抱抱我，告诉我："囡囡，没关系，妈妈在，不要怕。"

可是没有，她生病了。顷刻之间，我的家就要支离破碎了。

2

妈妈被推进手术室的时候，我等在外面，脑子里设想了无数种可能。最糟糕的情况是，妈妈不在了，爸爸抑郁，弟弟才八岁。

而我才十八岁，也还是个孩子，一直被爸妈护在手心里，从未经历过风吹雨打。我慌乱无助，觉得天沉沉地压下来，前路茫茫，一片黑暗。我绝望，想逃。

我甚至深深埋怨爸爸。他太爱妈妈，太怕失去妈妈了，可是他整个人沉浸在恐惧和悲伤里，抛下我和弟弟怎么办？作为父亲，这不是不负责任吗？

他就那样蹲在那里，软软的像一摊泥。我望着他，眼泪又掉了下来。曾经我眼里顶天立地、视我若珍宝的爸爸啊，现在毫无生机，我又怎能不心疼他。

我又埋怨，又理解，又心疼，又生气，心里五味杂陈。

医院真是个考验人意志的地方，我在绝望中徘徊，瞬间长大。

万幸，妈妈闯了过来。

医生把妈妈从手术室推出来的那一刻，我仿佛看到了绝望中的第一束小火苗。只要有一丝活的可能，前方的路再难走，我心里都有了底气。我想，这就是磨难强行激发出的我们灵魂深处最美好的东西：不投降、不屈服、不放弃，去坚持、去抗争、去战胜。

妈妈依然昏迷，爸爸精神萎靡，弟弟需要照顾。

距离高考还有不到三个月的时间，实在不行就复读一年，只要爸妈能好起来，什么都值得。我打定主意，向学校请了假，班主任让我安心待在家，他会定期让同学捎复习资料给我。

3

面对家里突如其来的变故，8岁的弟弟怕得发抖。他仰着脸问：“姐姐，你说妈妈会不会死，爸爸会不会疯？”我故作坚定地告诉他：“不，他们一定会好起来的。”这是说给他听，更是说给自己听。

上午，带着爸爸在医院照顾妈妈，我一秒钟都不敢让他离开我的视线。下午，领着爸爸去康复中心做治疗，看到那些患者被关在高高的铁门里面，或哭或笑，大喊大叫，我的内心极度恐慌。每次从康复中心出来，我的腿都是软的，要一手牵着爸爸，一手扶墙，才能正常走路。

为了不让爸爸在那个正常人都有可能被逼疯的环境里生活，我坚持让他住在家里，把家里所有的窗户都锁死，把锋利危险的物品都收好。晚上，我在爸爸的床边打地铺，成宿成宿地睡不着觉，一个细微的声音都能让我立马清醒。我像只惊弓之鸟，再也经不起任何意外。

三月的阳光已经带着暖意，可我时常感觉到刺骨的寒冷。那是我最黑暗绝望的日子，也是我最坚强勇敢的日子。我很累、很怕，可我挺过来了。

妈妈的病渐渐好转，爸爸也奇迹般地好了起来。

回到学校的时候，距离高考只剩40天。这样的变故和缺席，对我的成绩肯定有影响。幸运的是，我虽然没有考上自己最心仪的大学，但也上了个还算不错的学校。

而这段经历带给我的成长和收获，远比上个更好的大学要多得多。往后的岁月，每当遭遇艰难、经历绝望、想放弃的时候，我都会想到十八岁的自己，那个用稚嫩的肩膀死命扛起整个家庭的自己。那么难的日子都挺过来了，还有什么好怕的呢？

生活中，我们总会经历这样那样的绝望，这时，再挺一挺，再坚持一下，再勇敢一点，那些击不垮你的绝望，最终会变成光，把未来的路照亮。

有些人会一直住在一个词语里

□喇嘛哥

人这一辈子，一出生就兵分两路，一部分交给了时间，一部分交给了命运。而我们注定会被一些词语收留，或实在的，或可感的，或卑微的，或温柔的。

人真是一种奇怪的动物，活着活着就会觉得有些词仿佛专门为某个人定制。不管是刮风下雨，还是在陌生的地方看到，这个词后面的那个人都会跋山涉水出现在脑海，远远地只为看你一眼，又消失得无影无踪。

比如有个词叫阴天，一想起就觉得特别有仪式感。年轻的阿爸穿起雨衣，像一个等待号角响起的战士，冲进雨幕里，往羊圈里背草料。阿爸好像对每一场雨的到来都心存感激。阿妈比阿爸矜持一些，天明时分，探过身子向阿爸求证："嗨，下雨啦？"我很奇怪，阿爸和阿妈之间总是用"嗨"来代替称谓，从来不需要铺垫。比如，阿妈说"下雨啦"，阿爸接下来的动作就像编排好的程序：先掖紧我的被子，用满是胡楂的脸碰碰我的脸颊，嘴里像羊一样含混不清地咕噜着"长大啦"；接着一骨碌爬起来，断然走出去，然后带着一身水汽回来，向阿妈汇报雨有多大。

每当这时，阿妈也总是赖在炕上指挥阿爸：水开了，能放茶叶啦；把冬天晾好的干羊肉拿出来，炖上；等天晴了，该晒晒被子了。阿爸有条不紊地干着活儿。阿妈起床之后，开始筹备阴天聚会的各种东西。接下来家里会来很多人，他们从一场雨谈到秋后的收成，从一场雨联想到草原的丰茂，接着会从一个人讲到另一个人，讲到情义，讲到想念，还会找各种理由唱歌，一首接着一首。我那时极其讨厌他们唱歌，总是不明白为什么那么熟悉的人却要借着歌声和酒劲说那么深情的话。有时候，我会一个人站在沙梁上看天，和身边的小草、野花说话，会潜伏进羊群和它们斗智斗勇。谁知很多年后，只要天阴，那些人、那些景象、那些歌声，就会填满我所有记忆和想念的缝隙，连人们擦拭眼泪的动作都历历在目。

有时候我会固执地认为，一些不知去向的人，一部分住在梦里，一部分住在词语里。比如有个词叫窗明几净。我总觉得那是大雪封路的某个午后，屋内炉火点点，炉上炖着羊肉，成片的阳光透过窗户洒进来，我坐在窗边的一角，读着三毛的书。就在这时，有人推门进来，我定睛一看，是同学老五踏着大雪来看我，我们相拥在一起。那时候屋外雪花飞扬，阳光斑斑点点，明暗交错。多少年来，我一直觉得那就是久别重逢时该有的情景，以至于很多年后，我特别喜欢坐在明亮的窗前写作。了解我的朋友也总说，真正的文人总喜欢在昏暗的灯下，诗酒百篇，可惜你那酒量啦！

再比如远方这个词，每次说起，人们眼里总闪着热切的光。可是谁也不想说破，这热切的重逢之后，将是一场冗长的分别。比如，我总会记起在西部遇见的一位大哥，他前一秒还目光冷峻，但下一秒讲起自己的妈妈，反复克制情绪，终于还是无法阻止那一句“妈妈我想……”，他用尽全力打败了一个“你”字。他说他一生最遗憾的就是，从监狱里出来，母亲已经不在了。说这话时，他的泪水沿着眼眶径直滑落下来。“柔软”两个字，把一个那么彪悍的人猛地打倒在地。

长大后终于懂了，人这一辈子，一出生就兵分两路，一部分交给了时间，一部分交给了命运。而我们注定会被一些词语收留，或实在的，或可感的，或卑微的，或温柔的。不过，它们注定不会和伟大、永远等这些词并排出现，一如它们当初来这个世界一样平凡。它们与露珠、青草、歌声等词并列出现，散发着想念的味道，成为留在这个世界上的最后模样。

童年的许诺

□淼　淼

人生活在世界上，好比一条船在大海中航行，最重要的是要辨清前进的方向。一个人如果胸无大志，即使有再壮丽的举动也称不上是伟人。

20世纪50年代，法国外交官、作家罗曼·加里在南美洲旅行时突发疾病，他坚持要去墨西哥城接受治疗。路上，他的妻子莱斯利好奇地打开他一直紧紧抱在怀里的手稿，聚精会神地读了起来。文字把她带回了罗曼人生中最难忘的岁月。

1924年，十岁的罗曼和母亲相依为命，居住在波兰小城维尔纳。母亲靠贩卖女帽为生，却常常被心怀恶意的邻居举报。有一次，忍无可忍的她拽着罗曼来到天井，高声叫喊："你们这群肮脏的人，你们根本不知道我们是谁，看看我儿子，他将来会当法国大使、作家、荣誉军团骑士！"邻居们的哄笑使罗曼倍感屈辱，而且"大使"的外号从此与他如影随形。

为了摆脱困境，母亲在家里开办高级女装沙龙，还大胆邀请了一个不入流的裁缝冒充行家来主持开幕式。沙龙生意不错，可当地的贵妇人都以赊账为荣，母亲渐渐入不敷出。但她从未中断过对罗曼的培养，短短几年，罗曼学习了音乐、绘画、击剑、社交礼仪，甚至还有射击。最后他确定写作才是他唯一的兴趣，母亲兴奋地说："太好了，你一定会成为另一个托尔斯泰、另一个维克多·雨果。"

1928年，时装沙龙宣告破产，母亲下定决心带着儿子离开。他们前往法国滨海城市尼斯，随身只带了一箱"俄国贵族留下的银器"。不料在古董店，这箱被母亲视为珍宝的银器被老板贬得一文不值，但母亲出众的推销才能为她赢得了古董店店员的工作。不久，母亲又成为地产经纪人。有顾客将一栋老房子改造成旅馆，母亲受雇成为经理，母子二人的生活终于安定下来。

一天，母亲在菜场里晕倒，罗曼这才知道她早已患上了糖尿病，可母亲表示：

“身体是我自己的，不需要别人操心。”

罗曼渐渐长大，母亲强悍的爱令他感到安全，但也感到窒息。他试图摆脱母亲的控制，希望她能嫁给长住旅店的一位画家，但母亲说，她的余生不再需要爱情。

背负着母亲的希望，罗曼向成为“法国文豪”的目标前进。他整天趴在桌上写作，但他的四部小说都被出版商退回。这时母亲又做出一个决定：送他去巴黎深造。

在巴黎，罗曼遇到了一生的挚爱伊罗娜·热斯梅，但他们的爱情无疾而终。罗曼在痛苦的思念中奋笔疾书，写下短篇小说《风暴》，不久后发表在《葛林果报》上。他第一时间向母亲报喜，用稿费给她买了瓶昂贵的香水。母亲欣喜若狂，觉得自己的预言成了现实。然而从此之后，罗曼的投稿都石沉大海。为了应付母亲的催促和询问，他不得不撒谎说报纸上的一些小说是他写的，只是编辑要求他使用笔名。

1938年8月，罗曼接到母亲的电话，赶回尼斯。她神情凝重地说，已经为他买了去柏林的车票——“去杀了希特勒，他必须死”。罗曼决定前往，但暗杀计划最终因为母亲舍不得儿子去送死而夭折。罗曼应征入伍，加入法国空军。

法国的迅速沦陷令母亲倍感愤怒，她进入军营找到罗曼，抚着他的脸说：“你要立刻攻击，直飞柏林。”母亲的举动令罗曼遭到战友的嘲笑，但也让他下定决心跟随自己的长官叛逃英国，加入戴高乐将军的抵抗运动。

叛逃计划一波三折，大部分人死于非命，但罗曼最终成功飞抵英国，成为英国皇家空军的一员。他的军旅生涯可谓险象环生：先是与人进行“普希金式的决斗”，差点被送上军事法庭；后来被派驻非洲，因为用手枪射杀蚊子被关长期禁闭；又因为在行军途中喝了污水患上严重的伤寒……然而每一次他都奇迹般地脱险，支撑着他活下去的是和母亲不间断的信件往来，以及他正在创作的小说《欧洲教育》。母亲无数次地出现在他的梦境和幻觉里，她依旧坚毅果决，对儿子会成为大人物深信不疑。

1943年8月，罗曼被调回英国，参与对纳粹的反攻。他每天都有轰炸任务，陪伴他的是母亲年轻时的一张照片。在一次攻击中，罗曼和战友创下战争史上的一项纪录：刚出发不久，飞行员因被机枪击中而双目失明，故由同时被子弹击中腹部的罗曼在后舱指挥继续飞行，完成轰炸任务后两人成功返航并降落。

战争结束后，罗曼因卓越的表现获得戴高乐将军亲自颁发的解放勋章，而他在战争期间创作的小说《欧洲教育》和《愤怒森林》也被出版并获得成功。他终于成为母亲期望中的那个顶天立地的大人物。

罗曼自豪地返回尼斯，想要与母亲分享自己的成功，不料那里早已物是人非。他找到给母亲治病的医生，才得知母亲已在三年前去世，没能见证儿子所获得的荣光。死前她在病床上写了250封信，委托在瑞士的友人定期寄给战场上的罗曼。罗曼这才明白母亲最后一封信中的那句话："记住，你不再需要我了，你是个男人，不再是孩子。"

战后，罗曼·加里任职于法国外交部，1961年开始专心写作。他一生写了34部小说，是龚古尔文学奖历史上唯一一位两次获得该奖的作家。他的自传体小说《童年的许诺》成为法国中学生的指定读物。

路转溪桥忽见

□章铜胜

一个人难免有惊惧与迷惑，只是转过身去，一定会看见属于自己的溪桥。路转溪桥，忽然看到的，一定是那个在时光里静静等着你的，更好的自己。

“路转溪桥忽见”是南宋词人辛弃疾《西江月·夜行黄沙道中》结尾的句子。我特别喜欢词中这句看似仓促的结尾，辛弃疾在独自夜行的惊慌中给了我们如许的惊喜。

“明月别枝”，惊动了枝上的栖鹊，大概也惊动了夜行中的词人。清风半夜的断续蝉鸣，总是来得那样怪异突兀。而行到开阔处，暗淡月光下，稻花香里的一片蛙声，倒是让人心生宁静的。天上的星斗稀疏，山前的雨点零落，稍稍缓和了刚才的惊慌与错愕。路过社林边的茅草结庐的小店，就是记忆中溪边的小桥了。幸好，在兜兜转转间，这只是一场虚惊。

诗与词总易被人误读，也更易被人赋予所谓的意义。而我倒是更愿意相信这是辛弃疾在江西上饶黄沙岭夜行迷路后，重新找到归途时的一段经历，读来别有趣味。从惊鹊鸣蝉，到蛙声稻香，到天高山远，再到社林边的茅店，词人才敢轻轻一叹：“路转溪桥忽见”。我们甚至可以想象出此刻词人无比放松的样子。

路转溪桥忽见，有人生迷途中小小的惊喜。

小时候，我最爱去外公家，可外公家离我家有十多里的路程，路上要经过几个田冲、一片连绵的小山岭和几处小山村。路虽不远，但地形地貌却有些复杂，而我向来方向感不太强，又不善于记路，去外公家，对于我来说就是一件难事了。彼时父母都很忙，没有时间送我去外公家。想去，只有自己摸索着去，也只能凭着大致的方位和印象找寻着通往外公家的路。

有一年，我带妹妹去外公家玩。起初，凭着记忆穿过几个田冲，还算顺利，我们也信心满满。可是进了山岭，过了山村，看着山山岭岭间的路和山边的小村庄，仿佛都熟悉，仿佛都曾经走过一样，就蒙了。我们转来转去，心里的底气就转没了，开始有点害怕了。可我和妹妹只有大着胆子，沿着山间的小路继续向前走。等爬上山岭之后，再往前一看，当看到路边两株高大的枫杨和乌桕时，我和妹妹都笑出了眼泪。因为我们知道，走到那两株树边，再爬上前面的圩埂，沿着圩埂往前走一段路，就到外公家了。路边的枫杨和乌桕，就是我们忽然见到的“路转溪桥”，那样的惊喜，我至今仍能清晰地记得。

路转溪桥忽见，也有柳暗花明的惊喜。人生的路，不会是一场夜行，当然也不会永远一帆风顺。多数人的一生，都是在磕磕绊绊中前行的。这样的人生中，总有“明月别枝惊鹊”和“清风半夜鸣蝉”所带给我们的惊惧，也有在稻花香里听取蛙声一片的迷惑，及至到了社林边的茅店，看到了熟悉的溪桥，心里才会豁然开朗，才会明白，有了那些经历过的惊惧与迷惑，此刻的惊喜才更有分量。

我也曾有过惊惧与迷惑。彼时，我不知道自己想要什么，该做些什么，坚持什么，我几乎放弃了所有对自己有意义的事情，整日浑浑噩噩。直到四年前，当我重新捡拾起自己所喜爱的文字，开始阅读，开始写字时，我才发现那家社林边的茅草小店一直在自己的心里，静静地立在那儿，在等着我。四年多的坚持，让我更深刻地了解了自己，知道了自己想要的东西，也看到了一个更好的自己。我会在自己喜爱的文字之途上一路坚持，就像辛弃疾在黄沙岭上的那次夜行一样，我相信惊惧与迷惑过后，转过身去，一定会看见属于自己的溪桥。

路转溪桥，忽然看到的，一定是那个在时光里静静等着你的，更好的自己。

有时慢比快更考验人

□麦　家

人生有很多美好的东西，但最美好的东西肯定在我们眼前，其不是用物质打造而是用我们的心灵创造的。

在我儿子八岁那年，他跟我说："爸爸，我想学骑自行车。"我说："你才八岁，太早了。"我没同意，但是他妈妈悄悄地违抗了我的意思，等我知道的时候他已经学会了。

第一次看到儿子在操场上骑车，我很激动，但转眼之间这种激动变成了紧张。因为我发现儿子骑车骑得飞快，我非常着急，怕他摔倒，怕他出事。所以我一边追一边喊："儿子，骑慢一点，骑慢一点。"但儿子还是骑得飞快，自行车飞快地从我们面前穿过来穿过去，怎么样都慢不下来，当它慢下来的时候已经摔倒了。事实就是这样，很多事情慢比快更需要技术，更需要花工夫，更考验一个人整体的能力。

我至今还清晰地记得当初写《解密》的情景。那时，我正在解放军艺术学院文学系读书。即将毕业前的一天晚上，我突然决定要写一个大东西。但是我怎么也想不到，最后居然要用十余年来完成，准确说我花了十一年才写完这本书，真是受尽了折磨。

这部作品发表的时候总共20万字，但我删掉的字数至少有4个20万，我不停地修改、推倒重来。因为受尽折磨，我多次决定要跟它"分手"，但它已经和我的生命、血肉交融在一起。我要抛弃它，可能就要抛弃自己。

在这十多年的时间里，我不停地在心里臭骂自己，你怎么会那么愚蠢、那么可怜，你全部的青春都可能要为它报废。但是当我终于把这部作品写完的那一天，我流泪了。我觉得我的人生已经经历了无数次逆袭、无数次攀登、无数次照亮。

这个时代崇尚速度。每个人的愿望都像春天的花朵一样，争分夺秒、争先恐后地绽放。我用十一年时间来写一部作品，就像坐船去伦敦一样，让人觉得有点傻。

但我们在迷恋速度、放纵欲望时，却放弃了、丢失了非常多的可贵品质。比如说真善美，比如说安心、安静、耐心、坚守，这些非常好的品质，就在这种飞快的速度、巨大的欲望面前丢失了。

当我有了名气，有人抱着钱天天催着我交稿时，我就迷失了。我忘掉了曾经对自己的告诫，失去了坐船去伦敦的那种耐心。当可以顺流而下的时候，大部分人不会选择逆流而上。人本身是有重力的，欲望就是最大的自重。你在这种自重的惯性下，很容易顺流而下。

你们可能无法想象，我曾经用三个月时间，写完了一部30万字的长篇小说，这本书就是《刀尖》上下册。去年我用大半年的时间，对这部作品进行修订。那是我的一个伤疤，那里面真是破绽百出。有时候我觉得自己很奇怪，怎么会如此不爱惜自己的羽毛。现在一想，其实谜底就在我的心里。在巨大的欲望面前，我败下阵来，我成了自己的敌人并且被打败。

其实塑造自己是非常难的，但毁掉自己是非常容易的。

人生有很多美好的东西，但最美好和最伟大的东西肯定在你们的眼前，它们不是用物质打造的，而是在你们的心里，是用你们的心灵创造的。今后你们不管走到哪里，不管去做什么，都不要让自己的心空了。心空了黄金是填不满的，心空了陷阱无处不在。如果有一天你不小心掉落到陷阱，不妨向我学，爬出来，重新出发。

单腿起跳的人生

□袁贻辰

人生是一次航行。航行中必然会遇到从各个方向袭来的劲风，然而每一阵风都会加快你的航速。只要你稳住航舵，即使是暴风雨，也不会使你偏离航向。

台阶就像没有尽头一样，直上直下几乎呈九十度。独腿的罗雨拄着拐杖，迈出左腿，再用拐杖着力带动身子挪动，就像跳起来一般，一步一跳地向上攀爬。天快黑时，这个河南郸城姑娘“跳”着登顶了长城。

罗雨有时候会觉得，失去右腿二十多年后，自己的人生才刚刚开始。她沿着318国道徒步行走，从成都开始，每天从清晨走到天黑。行进方式还是那样，背着三四十斤的旅行包，一步一跳地向前走。入夜了，她在路边拦下顺风车去最近的酒店落脚休息。一个月后，罗雨走到了林芝。

所有衣物右边的裤腿都被剪掉了，这个穿着单腿裤子的二十九岁姑娘甚至考取了驾照，还学会了开叉车和电焊。她微微下蹲，用左腿稳定住身体，身体前倾，双手牢牢握住随时都在迸出火花的焊枪。

电焊是她如今谋生的手段。罗雨每天干8个小时，和其他电焊师傅一样，靠手艺吃饭。工作之外，她用一条腿开车、干农活、健身，蹦蹦跳跳地拄着拐杖逛街试衣服。但在扛起焊枪之前，在罗雨的世界里，腿，是唯一的关键词。

为了相恋三年的男友，她在失去右腿二十来年后，第一次选择穿上假肢。她无比珍视这一段恋情，那是她的初恋。自打三岁因车祸失去右腿后，她和许多残疾人一样遭遇了歧视、排挤、辍学。用罗雨的话说，自己前些年的人生就和这个名字的谐音一样，落雨不停。

雨停的日子是她和初恋男友相遇的时候。只是，男友并不喜欢她空荡荡的裤腿，也不喜欢她拄着拐杖大步走路的样子。

罗雨默默地穿上了假肢，别别扭扭地重新学着走路。这一切都和过去二十多年的经历没有区别，她又一次选择了退让。

最初的退让发生在小学那间60平方米左右的教室里。一次又一次发现自己的书包、拐杖被人藏起来时，她扶着桌子流泪，不和那些嘲笑自己的男生争辩。一旦还嘴，一个接一个不堪入耳的外号便会持续地从那些孩子嘴里蹦出。她不敢听。

放学后和母亲相伴回家的时光接着退让。校门口，一群男生冲着罗雨和母亲大喊：“瘸子来咯”。被视作“异类”的罗雨早已习惯，她默不作声。可回到家后，母亲哭了。

她的情绪最终也退让了，无论学校还是家里，她都不掉一滴眼泪，只有独自一人的时候，她才会小声地发出声音，孤独地啜泣。

没有人教过学校里的孩子该如何与残疾人相处。但罗雨被教着要学会“忍”，然后不断地锁紧自己人生的空间。

她读到中学就辍学了，然后找了一个不算正规的小作坊打零工，直到遇见自己的男友。三年多的热恋让两个人走到了谈婚论嫁的阶段。她在意男友对自己的看法，于是抛下拐杖，第一次穿上假肢，套上完整的裤子和裙子，越来越像一个真正的“正常人”。

男友的父母没有接受这个准儿媳。一次，这对年轻的情侣在饭馆吃饭，气氛压抑。临走时，罗雨挪动着还不太熟悉的假肢，在跨越台阶时没有掌握好平衡，一头摔了下去。

她的身体很疼，摔开的假肢躺在一边，连接假肢的胯部已经长出一连片的红疹。她没有告诉男友，自己的身体对硅胶过敏。

时隔二十多年后，罗雨终于忍不住了，靠在饭馆门口哭了起来。她说自己哭完就想通了。这个独腿女孩和男友分了手，也扔掉了那条假腿。“真正能支撑一个人的不是假肢，而是内心的强大。”

她拄着拐杖开始旅行。从此，那条独腿便承载着罗雨几十斤的重量去了天门山，爬了长城，登了雪山，甚至徒步进了西藏。

几年前在长城脚下，她发了一条朋友圈：“长城我来了，我要征服你。”

弟弟在下面评论：“姐，你怎么爬上去啊？”

直上直下的阶梯让很多身体健全的成年人都望而却步。罗雨把三四十斤的旅行包寄存后开始攀登了。她挥动一次拐杖能跨越两个台阶。

她开始玩短视频，想要把改变后的自己展示给更多人，尤其是那些和自己有着相似经历的残疾人。视频里，她记录下自己做电焊的、修理工具的、爬楼梯的、运动的、旅行的、干农活的时刻……

她染了头发，化着妆，穿着各色裙子，大部分时间都是笑着的。

那些隐藏在角落的残疾人纷纷找到了她，有人说自己不敢出门，也找不到工作，“全社会都歧视我们”，还有人说“为什么就我和别人不一样，我为什么这么惨这么倒霉”，还会有人给她留言，告诉罗雨，自己残疾后太痛苦了，“活着好累，就想死”。

“很多人过不去这个坎儿，觉得自己不如别人，和别人不一样，就差把‘残疾人’三个字贴脑门上了。”罗雨说，她会告诉每一个观看自己视频的人，“真正歧视残疾人的是你自己。”“连你自己都自暴自弃了，别人怎么可能尊重你？”“别人能做到的事情你也能，只要你相信自己。”

她说：“永远都不要自轻自贱。”

罗雨喜欢讲自己打工时的经历。前些年她一个人跑去了广东，在惠州的工厂做过鞋子，在深圳卖过房。她认为自己和其他员工一样，没有区别。“这个世界只分男人和女人，不分什么残疾人和正常人。”

她在地产公司上班时，该干的活儿都不落下。比如，一个人上街发完所有传单。老板想让她回办公室干点“适合残疾人”的活儿，被她拒绝了。离职一年回家后，她甚至接到了原公司的电话，希望她再回去上班。

这个爱美的姑娘从不遮掩自己身体的残缺，每次乘火车时她大大方方地跟普通人一起排队检票，从不走爱心通道。这些故事从直播和短视频冒出时，评论区里的点赞像浪一样涌动，有人说谢谢罗雨，有人鼓励她，还有人说想要娶她。

她的视频很多都有六位数的点击量，粉丝数也逼近了20万。这个河南女孩说，她不贪图粉丝有多少，更不奢求用直播尽快变现。她想做的，是让更多人在伤心、失意、绝望时能想到她的经历，“嗨，看看人家雨大宝（她在短视频平台上的昵称），这人生还有什么坎儿过不去啊。”

最近，罗雨去青海旅行了一趟。在广袤无际的草地上，她暂时放下了拐杖，单腿起跳。镜头里，她冲着天空张开了双臂，头微微仰着，迎着阳光。

我们总是容易高估自己

□王　妃

盲目可以增加你的勇气，因为你无法看到危险。但很多人痛苦的根源也正来自不清楚自己是谁，而盲目地去做超出自己能力范围的事。

1995年，一名块头很大的中年男子在光天化日之下抢劫了美国匹兹堡的两家银行。让人称奇的是，他没有戴口罩，也没有做任何伪装。抢劫之后，他还对着银行门前的摄像头露出了骄傲的笑容，然后大摇大摆地走了出去。

这些很明显的线索，让警察们当天就找到了这个抢劫犯——麦克阿瑟·惠勒。惠勒矢口否认，但警察给他看了最强有力的证据：监控录像。惠勒看着录像中的自己，惊讶地睁大了眼睛，嘀咕道：“可是我脸上明明涂了柠檬汁啊。”

原来，惠勒有点化学知识，知道柠檬汁的酸性可以让其作为隐形墨水，在亮白纸上用柠檬汁写字会不可见，但加热涂有干燥柠檬汁的纸时，柠檬汁会氧化并转变成棕色，信息才会显露出来。根据这个原理，惠勒认为他的脸上涂了柠檬汁，只要不接近热源，他面部完全是隐形的，摄像头拍不到。

用柠檬汁写字可以隐形，可没办法让一个人的脸部轮廓和五官隐形。所以，当惠勒说出自己这个神一样的逻辑时，警察们听得目瞪口呆。不过，他们很快就排除了惠勒是吸毒者或者精神病患者的嫌疑。

这个故事，成了大家的饭后谈资。人们称这个抢劫犯为史上最愚蠢的人，写出各种段子嘲笑他。不过，康奈尔大学心理学家戴维·邓宁和贾斯汀·克鲁格认真地研究这一现象，发现了一个著名的心理现象——邓宁-克鲁格效应。

邓宁-克鲁格效应说的是能力越低的人，由于自我认识不足，越容易过度自信，错误地高估自己。为了验证这一现象，邓宁和克鲁格做了一系列实验。在一项研究中，他们给一些大学生出了一些题目，这些题目内容广泛，涉及语法、逻辑和笑话等问题，每个学生作答后，被要求评估自己的成绩和排名。有趣的是，在这些认知任务中，得分最低的学生总是高估他们的表现。成绩倒数的四个学生估计自己的成绩比其他三分之二的学生都好！

这种低能力人的“虚拟的优越感”还延伸到课堂之外，渗透到日常生活中。在后续的研究中，邓宁和克鲁格离开了实验室，在社会调查中，也发现了类似的结果。例如，当他们询问枪支爱好者关于枪的安全问题时，那些回答正确率低的人显然高估了他们对枪支的了解程度。

低能力的人除了在基本事实认知方面会盲目自信，在其他个人能力领域也容易盲目乐观。比如，在一些真人秀节目中，表演者有好有坏，但是那些表演很糟糕的人，从不会意识到自己的无能，被评委们拒绝后经常会大吵大闹。虽然我们看到这样的行为，会觉得很滑稽，但这些人真的不知道自己正在被虚拟的优越性所迷惑。

知道了邓宁-克鲁格效应，我们就不难解释生活中的一些现象。

比如没有幽默感的人认为他们很幽默，长相一般的人会高估自己的容貌。而在男女关系中，一些人过度高估自己，认为那个姑娘也一定欣赏自己，等仓促地表白被拒后，异常恼怒。

邓宁-克鲁格效应不是什么精神问题，只是认知偏差。这是人类非常容易犯的一种常见错误，验证了达尔文说的“无知比知识更容易招致自信”。

邓宁-克鲁格效应还包括一个相反的方面：能力非常高的人，往往会低估自己的能力。

在生活中，你有没有注意到这些现象？在面试中，一些人即使能力很强，也会无比焦虑，如果他们打败了其他面试者，得到了自己想要的工作，又会陷入自卑，觉得领导可能会非常后悔选自己，因为自己并没有什么能力。

在学习中，一些学生取得了高分，会异常忐忑，害怕老师对自己看重，而自己并没有能力在下一次考试中获得同样的成绩。他们面对别人的赞扬，往往没法开心地接受，反而很惶恐，害怕下一次考试时，暴露自己的真实水平。

而一些姑娘明明长相好看，却总是没自信，非得跑去整容，才会安心。

这些都是高能力者低估自己的表现。这些人明明很优秀，各有禀赋，但他们患上“冒名顶替综合征”，或者将自己的成功看作是运气等外在因素使然，而不是自己理所应得的，或者看不到自己的优点，瞻前顾后，整天提心吊胆。

低能力者之所以会高估自己，是因为对自己有错误的认知；而高能力者之所以会低估自己，往往是因为他们错误地评估了他人，他们常常会认为自己觉得容易的事情，别人也容易做到，自己拥有的别人也会拥有。

盲目的自信，会让人们闹出不少笑话，低能力者看不到自己的短处，不容易虚心学习，也就没法进步。而高能力者盲目自卑，又容易焦虑异常，错过重要的机遇，限制自己的能力发挥。

那么，我们如何避免邓宁-克鲁格效应呢？心理学家建议：对能力不强的人来说，应该认识到自己的许多想法是错误的，并学会重新评估自己的能力；而对能力很强，却又不自信的人来说，不妨摒弃自己的不自信，尝试一些更具有挑战性的事情。毕竟，当你认识到自己能力不足时，就说明你其实很有能力了。

普通人需要梦想

□［美］兰迪·波许　译/易　名

因为梦想会发光，所以，无论身处多么漆黑的角落，也总有一束光，能引领我们前往，风雨兼程，跋涉探险，在所不惜。

1

1969年的夏天，人类第一次在月球上行走，那时我才八岁。那时候我就知道，任何事都有可能实现。仿佛全世界的人都得到了允许，可以拥有远大的梦想。

当时我正在参加一个夏令营，登月舱降落之后，我们所有人都被召集到了一所大农舍前，那儿放着一台电视机。在顺着梯子爬出登月舱到月球表面行走前，宇航员准备了很长的时间。我可以理解这一点。他们要带许多装备，要检查许多细节。我很有耐心。

但是夏令营的工作人员一直在不停地看表。那时已经过了晚上11点。最后，宇航员在月球上做出明智的决定时，地球上的人却做出了愚蠢的决定——时间太晚了，他们让我们所有孩子都回帐篷睡觉。

营长的决定让我无比恼火，我的脑子里想着：我们人类第一次离开地球降落到了一个新的世界，而你们这些人只想着让我们按时上床？

但是几周后，当我回到家中，才知道爸爸在尼尔·阿姆斯特朗踏上月球的那一瞬间给电视拍了一张照片。他为我保存了这一瞬间，他知道这能鼓励我怀有远大的梦想。那张照片现在还在我的剪贴簿里。

我理解那些围绕着为何不把数十亿美元拿去解决地球上的贫穷和饥荒问题，而是用来把人类送上月球的争议，但是你要知道，我是一名科学家，我认为对人类的鼓舞是最好的善举。

用钱来解决贫穷问题很有价值，但是这往往只是关注边缘问题。而把人类送上月球不仅能激励所有人去发挥人类最大的潜能，这也是解决人类宏大问题的终极方法。

允许自己拥有梦想吧，也鼓励你的孩子去实现梦想吧，虽然有时这会让他们错过上床睡觉的时间。

2

还是在1969年，我们一家跨越了整个美国去迪士尼乐园玩。这绝对是一次探索。我们一到那儿，就对那个地方产生敬畏之情。那是我去过的最酷的地方。

当我和别的孩子一起排队时，脑子里全是一个念头：我将来一定要创造出一个这样的东西！

二十年后，当我在卡内基·梅隆大学获得计算机科学博士学位时，我觉得有了做任何事的资格，所以赶紧给迪士尼幻想工程写了一封信。然后，他们给我回了一封信，这是我收到过的语气最好的一封叫我滚的信了。他们审阅了我的申请，但告知我并没有“任何需要你的特殊技能的岗位”。

什么都没有？迪士尼可是以雇了一大群人来扫马路而出名的！迪士尼没有我能干的工作？连扫地都不行？这让我很受挫，但我还是相信：墙之所以存在是有原因的，它不是为了阻拦我们，而是为了给我们一个机会来表现自己的愿望有多强烈。

让我们把时间快进到1995年，我已经成为弗吉尼亚大学的教授，并且参与建立一个叫“5美元一天的虚拟现实”的系统。那时，虚拟现实领域的专家坚信，任何关于虚拟现实的项目都至少需要50万美元。我和我的同事像惠普的创始人一样，在车库里开发出了一个可行的低成本虚拟现实系统。在计算机科学的世界中，这被人们视为壮举。

不久，我得知迪士尼幻想工程在进行一项虚拟现实工程。这是最高机密，将运用在阿拉丁游乐项目中，让人们体验魔毯飞行。我给迪士尼打电话，解释说我是一个虚拟现实的研究者，正在寻找这方面的信息。我执着得有些可笑，他们一次又一次拒绝了我，直到我联系上了一个名叫乔恩·斯诺迪的人。他正好是负责这个项目团队的幻想工程师。我觉得这就像是我给白宫打电话，然后被转接给了总统。

我们聊了一会儿。我告诉乔恩自己即将去加利福尼亚，然后问他：“在这之前，我们能见一面吗？”（事实上，如果他说能，我去那儿就只有见他这一个目的。为了见他，我连海王星都会去！）他说可以，如果我去的话，我们就一起吃个午饭。

在去见他前，我花了80个小时做准备。我问了所有我认识的虚拟现实领域的高手，让他们谈谈对迪士尼这个项目的想法和疑问。因此，当我终于见到乔恩时，他为我充分的准备而惊叹。在午餐临近尾声时，我提出了“那个请求”。

“我马上要休一个学术假。”我说。

“那是什么？”他问道。这是我第一次感受到将要面对的学术圈和娱乐圈的文化冲突。

我解释了学术假是什么，他觉得让我在休假期间和他的团队一起工作是个不错的主意。我们商量好了：我先参与到项目中工作六个月，然后发表一篇相关的论文。我激动万分，像我这样的学者能受邀参与幻想工程的秘密项目，这几乎是闻所未闻的。

只是有一个问题：我需要先征得上级的同意，才能休这种奇特的学术假。

好吧，每个迪士尼故事都需要一个反派，而我的故事中的反派正好是弗吉尼亚大学的一位院长。院长担心迪士尼会将我脑海中原本属于学校的“知识产权”抢得干干净净。他不同意我这么做。我问他：“你真的不觉得这是一个好主意吗？”他说：“我不知道这是不是一个好主意。”他让我明白，有时候最难翻越的墙是由人构筑而成的。

意识到在他这里不会有什么突破，我去找负责资助研究的院长来谈这件事。我问他：“你认为这是个好主意吗？”他说：“我没有足够的信息来判断，但是我知道有一位优秀的教师就在我的办公室里，他对这件事热情很高，所以你再仔细描述一下。”

这件事对管理者应该有所启发。两位院长都说了同样的话：他们不知道让我休学术假是不是个好主意。但是想想他们说话的方式差异有多大！

最后幻想变成了现实，他们最终允许我休学术假。事实上，我得承认我有多么痴迷：我到达加利福尼亚不久，就开着敞篷车去了幻想工程的总部。那是一个炎热的夏夜，我的立体声音响中大声放着迪士尼动画片《狮子王》的原声音乐。当我开车经过总部大楼时，真的已经泪流满面。那个在迪士尼乐园里睁大双眼的八岁男孩就在这里，已经长大成人。我终于来到了这里，成了一名幻想工程师。

你可以让时间慢下来

□村上龙

生命并不是你活了多少日子，而是你记住了多少日子，你要使你过的每一天，都值得记忆。

为什么越长大，越觉得时间过得快？英国心理学家哈蒙德对此展开了研究，她发现，我们对时间的感知，跟我们吸收、处理、储存的信息量紧密相关。如果一件事情对于我们来说，是未知的、新奇的，是激动人心的、是刻骨铭心的，大脑就会高频运转，吸收、处理和储存很多信息。因为大脑吸收、处理和储存的信息多，所以这段时间事后回忆起来就会“变长”。如果一件事情对于我们来说，是熟悉的、常见的、趋同的，大脑就会低频运转或待机，进行无意识的自动化处理。因为大脑吸收、处理和储存的信息少，甚至没有储存信息——信息高度趋同，会被大脑整合删减，所以这段时间事后回忆起来就会“变短”。

相信很多人在旅行中都有一种感受——回程总比去程快。“因为大脑是会偷懒的，它判定相同的场景和事物，是不需要一遍一遍储存的。”这跟硬盘储存是一样的道理，硬盘储存的时候，遇到相同的文件就会询问是否覆盖，因为它认为相同文件不需要重复储存。“回程总比去程快”佐证了一件事情：人的主观“时间”和我们接收了多少信息有关——信息能够延长时间。为什么越长大越觉得时间过得快？因为小时候是在发现、发掘，而长大后是在不断重复。“有的人三十岁就死了，八十岁才埋葬。”这句话说的就是这个理。

心理学家詹姆斯做过一个“线段实验”。他各用了三秒钟，在纸上画了A、B两条线段，B线段比A线段长很多。画完后，他问一帮朋友：“你们觉得我画哪条线段用的时间比较长？”朋友们都说B线段。为什么呢？因为大脑倾向于认为“内容”越多，“时间”越长。这个实验也证明了哈蒙德的判断：“时间”和我们接收了多少信息有关。在相同的时间内，大脑吸收和储存的信息越多，这段时间回忆起来就会“越长”；大脑吸收和储存的信息越少，这段时间回忆起来就会“越短”。

作家许渊冲有句话说得好：“生命并不是你活了多少日子，而是你记住了多少日子，你要使你过的每一天，都值得记忆。”一个人生命的长度，其实并不取决于你活了多长时间，而是取决于你记住了多少日子。留住时间的唯一方式，就是把它变成珍贵的事物。

所以要想让时间慢下来，我们就必须跳出既定的生活轨道，去尝试和发掘一些新领域、新事物，从而创造一些新的记忆。要想“减慢”时间，最好的方式之一就是多去经历各种各样的事情，让人生体验更加丰富。第一次跳伞、第一次蹦极、第一次演讲、第一次出国，一年之中，多尝试几个“第一次”，让这些“第一次”在你大脑中留下刻度，你就不会觉得时间过得飞快了。这也是我们常说的——拓展生命的宽度。

在2016年“十人看十年”的演讲上，马云动情地说：“说实话，我每一天就像过了一年，每一年就像过了十五年。”为什么马云的每一年过得这么慢呢？因为他做了很多极富挑战性的事情，取得了很多标志性的成就。哈蒙德有一个结论说得好：“有共性的回忆趋向于合并删减，而标志性的回忆倾向于鹤立鸡群。”所以，要想“减慢”时间，最好的方式之二就是努力学习和奋斗，去追逐和建立更多更高的职业成就。让这些“成就”在你大脑中留下刻度，你就不会觉得时间过得飞快了。这也是我们常说的——提升生命的高度。

童话《小王子》里有段对话触动人心。小王子驯养狐狸后，第二天又去看它。“你每天最好相同时间来。”狐狸说。小王子问：“为什么？”“比如，你下午四点来，那么从三点起，我就开始感到幸福。时间越临近，我就越感到幸福。我就发现了幸福的价值……所以应当有一定的仪式。”“仪式是什么？”小王子问。“它就是使某一天与其他日子不同，使某一时刻与其他时刻不同。”狐狸说。

一对夫妻，结婚二十年了，依然恩爱如初。因为每逢重要节日，丈夫都很会制造仪式感。今年，妻子过生日那天，丈夫变出个玩具老鼠，送给属鼠的妻子。妻子愣在那里，一脸惊讶。丈夫说：“你掀开‘老鼠’的左耳朵看看。”妻子：“哇，一百块钱。”丈夫说：“你再掀开右耳朵看看。”妻子：“哇，一百块钱。”这份礼，钱不多，但仪式感却让妻子热泪盈眶。

关于时间的感知，哈蒙德还有一个结论：“越是有非凡意义的事情，我们对它的记忆就越深刻。”所以，要想“减慢”时间，最好的方式之三就是为父母、爱人、子女、朋友，去创造更多具有非凡意义的仪式感。让这些“仪式”在你大脑中留下刻度，你就不会觉得时间过得飞快了。这也是我们常说的——触摸生命的温度。

最后的灯塔守护人

□［美］艾略特·斯坦　译/意　明

生活总是千变万化，总有那么多沧桑浮沉，可以想见坚守是多么难得。譬如理想，唯有坚守，才不会被打倒，直到如愿以偿。

地处那不勒斯湾的卡普里岛是意大利最耀眼的地方。白色的别墅间开满了紫色的三角梅，游艇在岛上水光映照的岩洞附近穿梭。这里曾经恬静质朴，渔民聚居，现如今却成了名流的专属领地。

但每天傍晚，在岛上西南端一处简朴的公寓里，六十多岁的水兵德·奥里亚诺都会顺着136级台阶的旋转楼梯，缓缓爬上彭塔卡雷尼亚灯塔孤独的瞭望塔，透过一台双筒望远镜观察海面。当太阳落入第勒尼安海中时，德·奥里亚诺会将观测结果写进记事簿中。过去的一百五十一年里，岛上的灯塔管理员每天都是这么做的。

彭塔卡雷尼亚灯塔始建于1862年，于1867年投入使用，是意大利最重要的灯塔之一，也是世界上最后一批聘请全职管理员的灯塔之一。从1870年意大利统一之时起，共有88人守护过它，从未间断。但德·奥里亚诺将是最后一个守护人，这也是他上班的最后几个月。

2017年，他收到意大利国防部的通知，彭塔卡雷尼亚灯塔将从2019年1月1日开始实行全自动化管理，和意大利其他199座灯塔中的181座一样。德·奥里亚诺失去的不仅仅是工作，还有他生活了十三年的家。

“想想有多少灯塔守护人曾住在这儿，他们一直坚守着这盏灯，为人指引方向。”德·奥里亚诺从灯室望向窗外的暮色说，“这是一份美妙的工作，但却正在消亡。”

从有船开始就有看守灯塔的人。几千年前，人们在悬崖顶上燃起高高的篝火，指引船员进港。公元前280年前后，这些地面上的指路灯被搬上了瞭望塔，比如埃及的亚历山大灯塔。灯塔的指引工具从木头生火演变成了用煤炭、天然气、石油和电。灯塔名录网站的数据显示：如今，还有两万多座历经岁月的灯塔标示着陆地，照亮了世界上最黑暗、最危险的海岸。

但随着海上导航工具和卫星自动化愈发精密，人们对灯塔及其管理人员的需求几乎消失殆尽。实际上，除了教育导赏员和部分季节会来的志愿者，灯塔守护人在全球已经所剩无几。

1998年，英国最后一名灯塔管理员离开了位于肯特郡的南部海岬灯塔。同年，美国海岸警卫队对联邦政府管理的279座灯塔中的最后一座进行了自动化改造。澳大利亚、芬兰、冰岛、爱尔兰、日本、新西兰、挪威等很多国家及地区已经连一个灯塔管理员都没有了。南非还有一名仍在坚守，法国有三名，印度、缅甸和葡萄牙也有几个，加拿大有不到50人。

“全世界剩下的灯塔管理员不会超过200人。”国际性组织灯塔守护人协会的会长达夫说。达夫自己曾管理灯塔近二十年，守护过苏格兰泰里岛的斯克里沃阿灯塔以及邓肯斯比角灯塔，直到1992年被裁员。“现实情况是，这项工作将在十年内消失。”

意大利灯塔管理局的负责人德·埃斯波西托告诉我，尽管从1987年开始便不再从军队之外招聘新的灯塔守护人，但每年仍有大约5000人申请这个早已不复存在的岗位。

“我想我是幸运的。”德·奥里亚诺一边说，一边擦去彭塔卡雷尼亚灯塔防风窗上的盐。

德·奥里亚诺于1975年加入海军，之后三十年一直驻扎在意大利沿海各地。2005年，一名海军指挥官向他透露，彭塔卡雷尼亚灯塔有个难得的职位空缺，他有几十年的航海技术员、港口领航员和水兵经验，非常适合。

“我对看守灯塔一窍不通，”德·奥里亚诺承认，“我甚至连这儿的照片都没见过，但当我看到时，便对它一见钟情。”

彭塔卡雷尼亚灯塔建在一处伸进大海的石灰岩峭壁上，塔高28米，非常显眼。灯塔的旋转光学透镜倍数是意大利第二高的，射出的光柱长达25海里，照亮了意大利最繁忙的航道之一。塔底和旋转楼梯是用维苏威火山的熔岩石修建的，塔身刷成了庞贝红。从某个角度看，整座灯塔像是随时会被海浪淹没，卷入大海似的。

上班的头几个月，德·奥里亚诺没怎么睡觉。猛烈的暴风雨常常卷起25米高的巨浪，打到他卧室的窗户上，狂风刮得灯塔摇摇晃晃。

“起初，我以为这些震动是小型地震，”德·奥里亚诺在办公室里一边快速翻着旧记事簿一边回忆说，“但经过这些年，我发现愤怒的大海比平静的时候更美。它提醒着你大自然的存在，以及这片水域是开放的，是有生命的。只有远离尘嚣的人才能体会。”

刚来灯塔时，德·奥里亚诺和两名年长的守护人一起住在瞭望塔下面的管理员宿舍。他们轮流爬灯塔，共享一间厨房和一个小卫生间。灯柱静静划过夜空时，他们会一起在外面打牌。

2009年，那两人退休后，岗位就没再招人，只剩下德·奥里亚诺一个人守着那盏一千瓦的灯，维护场地，独自消磨时日。

现在，除了修理电路、与海岸警卫队通话或用水桶清理楼梯转角的海水，德·奥里亚诺会在灯室里听古典乐，看意大利剧作家皮兰德娄的作品。傍晚，他会以海洋、渔民和星座为题作诗。夜里，他会坐在小床上用水彩画海景，弹吉他。

每年秋天，他都会寻找在海岸附近出没的宽吻海豚和抹香鲸。盛夏时节，他会去附近的松林里采野蘑菇和芦笋。春天降临时，他会在灯塔前门旁边的小园子里种上西红柿、罗勒、豆类和“海鸥不吃的东西”。

在另外两名守护人离开后的九年里，德·奥里亚诺几乎一天都没好好休息过。即使做了膝盖置换手术，他也坚持拄着拐杖一瘸一拐地每天上下灯塔两次，观察海岸的情况。每天晚上，当有船员从漆黑的海面向他发出灯光信号时，他都会用手电筒予以回应，好似海员间的摩斯密码。

“机器可以将灯点亮，但无法观察大海，”德·奥里亚诺坚持认为，“有人在会让船员多一份安慰和安全感。出事的时候，这一点极为重要。”

从德·奥里亚诺的记录来看，出事不少。

“2016年8月19日10:10，看到一艘摩托艇着火，五人跳船。通知海岸警卫队。所有人被安全救回。”

“2015年6月7日6:10，被汤波希洛方向传来的尖叫声惊醒。协调直升机展开搜索，后在卡拉迪林姆附近发现一名幸存者。”

德·奥里亚诺也曾应对过船只遇险、石油泄漏和沉船事故。

2013年2月7日21:05，闪电击中彭塔卡雷尼亚灯塔，瞭望塔和塔下德·奥里亚诺的公寓着了火。

“我穿着睡衣跑上跑下，看见火焰正在吞噬一切，迅速将火扑灭了。”德·奥里亚诺说，“我们成功让灯塔在三天后恢复工作，但在接下来的五个月里，我一直靠蜡烛在黑暗中生活。”

前不久，意大利国家船员协会卡普里岛分会举行了多场抗议活动，但意大利军方仍计划将彭塔卡雷尼亚灯塔改造成一个无人值守的远程监控前哨基地。海军最近在灯室里安装了一个控制板来自动控制灯光。从2019年1月开始，如果有设备停止工作，智能卡会向海军位于那不勒斯的指挥中心发送短信。

“问题是彭塔卡雷尼亚灯塔和那一整片儿都属于‘阴影区’，”过去十六年一直在卡普里岛西南海岸附近航行的泰尔内洛船长说，“没有移动信号，没有GPS，什么都没有。所以有人一直在灯塔里维护和监控各项情况非常重要。”

十三年来，德·奥里亚诺几乎没有离开过小岛。但现在，他已无力继续承担这里的生活费用。据说他的公寓和没人住的管理员宿舍将被改造成一处豪华度假胜地，岛上很多漂亮的海边建筑都是这么来的。过去几个月，德·奥里亚诺会把每月1300欧元的工资留出一部分，他打算在乡下安静的地方买一小块地。他说想画风景画，并希望有一天能出版一部分诗歌，但他还是不忍心收拾和灯塔连为一体的家。

“我的心在这里，”德·奥里亚诺看着划过夜空的明亮灯柱说，“当我不能再看守这盏灯时，我自身的一部分也将熄灭。”

小提琴大师与一个擦鞋童的坚守

□鲁先圣

一个人如能在心中充满对他人的关怀，行为遵循崇高的道德法则，永远围绕着善良的枢轴转动，那么他虽不在人间，也等于存留了伟大的身影。

世界著名小提琴演奏家、指挥家和作曲家梅纽因，于1999年3月12日在柏林一家医院治疗期间因心脏病突发不幸逝世，享年八十三岁。梅纽因的一生一直对音乐充满着激情，他的音符响彻国际乐坛，他的演出以其优雅、敏锐与丰美令世人陶醉。

梅纽因1916年4月22日生于美国纽约，被认为是20世纪音乐史上“罕见的神童”。四岁生日那天，梅纽因得到了一把真正的小提琴，从此开始了展现他音乐奇才的生涯。他七岁时因出色地演奏门德尔松的《E小调小提琴协奏曲》而震惊乐坛，后来得到英国作曲家爱德华·埃尔加的指点。埃尔加称赞梅纽因“是我见到的最了不起的音乐人才”。这位少年奇才从未上过正规学校，十三岁就确立了巡回演奏大师的声誉。他在世界各地举行音乐会，都由一位家庭教师陪伴左右。他的足迹遍布全球，给世人带来无穷的艺术享受。在他漫长的演奏生涯中，梅纽因的演奏几乎囊括了从古典到现代的所有小提琴曲目，被称为小提琴音乐“权威的诠释者”。

梅纽因的求学经历至今仍是世界音乐界的一个传奇。

1926年，十岁的梅纽因随父母来到巴黎拜见名师艾涅斯库。

“我想跟您学琴。”梅纽因说。

“大概您拜错了吧，我向来不私人上课。”艾涅斯库回答。

“但我一定要跟您学琴，我求您听听我拉琴吧。”

“这件事不好办，我正要出远门，明天清晨六点半就要出发。”

“我可以早一个钟点来，趁您正在收拾东西时拉给您听，行不行？”孩子恳求道。

梅纽因的直率和天真烂漫，以及他满脸的稚气十足却又意志坚决，使艾涅斯库产生了好感：“明天五点半到克里希街26号，我在那里恭候。”

次日早上五点半，梅纽因准时到达并开始自己的演奏。六点钟，艾涅斯库听完梅纽因的演奏满意地走出房间，向等候在门外的孩子的父亲说：“这个徒弟我收下了，上课不用付学费，孩子给我带来的欢乐，完全抵得过我给他的好处。”从此，艾涅斯库成为梅纽因的家庭教师，几十年始终陪伴着梅纽因的成长。

1952年，已经成为世界知名小提琴大师的梅纽因到日本演出，听说有一个擦鞋童为听他的音乐会，用自己几乎一年的收入凑钱买了一张最便宜的票。梅纽因想起自己早年拜师的经历，非常感动。谢幕后，他由主持人引领着穿越贵宾席来到低档席，找到了那位擦鞋童。他轻轻问他需要什么帮助。孩子虽然衣衫褴褛，但是目光明媚，面对自己崇拜的大师，他轻轻地说：“我什么都不需要，只想听听您的琴声。”梅纽因与孩子的举动，让全场安静下来。梅纽因让助手拿来自己刚才演奏使用的小提琴，他面对全场听众高声宣布，要把自己这把心爱的小提琴赠送给这个擦鞋童。他说：“我相信，若干年以后，日本会诞生一位了不起的小提琴家。”

三十年后，当梅纽因再度访日演出时，又想起了当年的情景，他请日本方面帮助他寻找到了在一家贫民救济院工作的当年的擦鞋童。梅纽因得知，三十年来，尽管擦鞋童的生活坎坷，却多次断然拒绝了想以高价购琴的人。有一位日本企业家甚至愿意以那把小提琴为条件帮助他建一所音乐学校，也被擦鞋童断然拒绝。这些年以来，他一直用大师的小提琴演奏。再次见到梅纽因，梅纽因发现他在小提琴演奏方面已经有了很高的造诣，问他需要什么帮助。当年的擦鞋童仍和上次一样回答梅纽因：“我什么都不需要，只想听听您的琴声。”

梅纽因什么也没有再说，默默接过那把阔别了三十年的小提琴，就在救济院的院子里，演奏起当年访问日本时的那支曲子。最后，救济院的工组人员、那些被救助的人、陪同前来的日方朋友，所有在场的人都被大师如泣如诉的演奏和当年那个擦鞋童专注倾听的神情而感动，很多人热泪盈眶。

十年后的1992年，在一个日本音乐界组织的访华艺术团里，有一位已经在日本家喻户晓的小提琴演奏艺术家，他在人民大会堂的小提琴演奏，倾倒了所有的中国听众。他演奏的曲目，就是当年梅纽因在日本演奏的曲目，所有的听众也都知道，他正是梅纽因大师当年遇到的擦鞋童。一段三十年的坚守，成就了一位小提琴家，也给世界留下了一个可以警醒无数青少年的人生故事。

我口吃，我讲脱口秀

□刘　逗

当意识到口吃是我的一个问题时，它被无限放大了。这是不成熟的表现。现在，我终于认识到了这一点。偶尔，我还是会暗暗怪罪口吃。我是一个普通人，遇事会抱怨，抱怨很正常，但还是要克服困难，往前走，往前看。

从有记忆开始，我说话就口吃。

我们那儿流传着一个治疗口吃的偏方，说是下雨的时候，趁口吃的小孩不注意，冷不丁地打他一下，他说话就不结巴了。所以，我小时候最痛恨的就是下雨天——外面是瓢泼大雨，屋里是四处潜伏的我妈，巴掌突如其来，我避无可避。

我就这么不明不白地被打了无数个下雨天，但口吃依旧没有好。其实，我独处的时候说话挺利索的，念报纸也没问题。在我的理解里，口吃更像是一种心理自卑的表现。

后来我上了小学，上课的时候老师通常是不会点我回答问题的，但偶尔我也会被叫起来回答问题。我站起来的时候，全班同学都仿佛有一种心照不宣的默契，所有的脑袋都转过来看我。我告诫自己不要紧张，然后努力憋出一句完整的话，班里鸦雀无声，我知道他们在等着，直到我终于卡壳了。

我小学三四年级的时候，成了班队委的一道杠，而一道杠的职责之一就是当老师不在时管理班级的纪律。当时，我们班里有一位酷似动画片《机器猫》里的胖虎的同学，他长得又高又壮，凭借自己远超出其他小学生的身高和体重，经常欺负同学。

有一次，轮到我管理班级纪律，“胖虎”又在说话。我鼓起勇气警告他：“你别讲话了！你要是再讲话，我就把你名字写在黑板上。”“胖虎”还是有恃无恐地说话，甚至用言语恐吓我，我转身就把他的名字写在了黑板上。写上就写上了，写上了以后他也没能怎么样。我突然意识到“胖虎”其实就是一只纸老虎。从那之后，“怼胖虎”好像成了我生活中的一个隐喻，每当遇到难以解决的困难时，我都会把它们想象成“胖虎”。而在整个青春期，我最想怼的那个“胖虎”，就是口吃。

上了高中，我想要克服口吃的愿望日益强烈。

我第一次有自信克服它是在课堂上朗诵了一首李白的《梦游天姥吟留别》。我从座位上站起来，气沉丹田，好像一千两百年前的诗句突然一起穿过了无比漫长的历史，奔着跑着挤过教室的窗户向我蜂拥而来，一字一句，清清楚楚——“海客谈瀛洲，烟涛微茫信难求……”我一个磕巴都没打，感情特别充沛，把所有同学和老师都震惊了。我发现，原来我读诗歌没问题。

后来，只读诗歌已不能满足我，我开始自己创作，不假思索地写，好像李白握着我的手。读诗和写诗对我来说是前所未有的流畅的体验。

我高三那年的成绩不好，报志愿的时候很受限。当时我一心想报考师范院校，可我父母说我口吃，不可能当老师的，他们就擅自做主，给我报了一个工科院校。但我就是想当老师。

当老师就得说话，我想利用大学期间的一切机会练习说话。有一次，学校组织了一个演讲比赛，我报名参加了。初赛的头一天晚上，我在宿舍楼的水房里练了一夜，第二天演讲的时候所有人都震惊了。我说得特别流利，然后从班里被选到系里，又从系里被选到院里，参加了最终的校级决赛，得了三等奖。

大学毕业以后，我还是想当老师。我想怼“胖虎”。我当时觉得一切以口吃为由不让我当老师的人都是“胖虎”，包括我的母亲。我放弃了进对口国企的机会，应聘了全市的所有私立高中，但都失败了。最后，我成了一名邮差，骑着自行车满城转悠。虽然每天都很累，但我自我感觉很好。我白天送信，周末攻读师范院校的函授本科。

我心满意足，因为这份工作满足了我想要“秀”的欲望。演讲、写诗、怼“胖虎”，从小折腾到大，我的动力大约都源于此——我想让别人看到我，而且我做得不比别人差。但其实这也是一种自卑的表现。

不久，我获得了师范学院的函授学位。正好一个地区在招募乡村教师，我就报名到甘肃一个牧区支教去。当时从辽宁出发到那个牧区单程就要七天，先坐火车，再坐汽车，最后还得坐拖拉机。当我七天后终于风尘仆仆地到了村里的时候，前一任代课老师拉着我到孩子们面前介绍：“这是孙老师，明天给你们上课。”就因为这句话，我在那儿呆了一年。

牧区的房子很简陋，我上课的学校没有砖瓦房，是铁皮搭起来的板房。全校分为学前班、一年级和二年级，所有的学生都挤在一间教室里，而全校只有我一个老师。我在同一块黑板上教三个年级的孩子，给其中一个年级的孩子讲课时，其他两个年级的同学就自己写作业。

那是我第一次生活在一个没人知道我口吃的环境里，我好像获得了赦免。每当我回想起那段时间，总会陷入一种记忆的模糊。我记不清了，好像那一年我都没有口吃过。

我已经记不清我第一次上课的情景了，但我清楚地记得最后一堂课，我把全班同学的名字一笔一画地写在黑板上，标注了拼音，然后教会了孩子们查字典。这样即便我走了，他们也能知道每一个陌生汉字的读音。

我身高一米八五，从支教地离开时体重是110斤，整个人瘦了一大圈。我生了一场大病，体重严重降低，身体机能出现了问题。那段时间我的父母尽心竭力地照顾我，夸张点说，是他们给了我第二次生命。

最终，我回到了我出生和长大的城市，进了工厂。工厂效益不好，没多久我就下岗了。下岗之后，机缘巧合之下我应聘了一家书店，从高中开始的对诗歌和文学的爱好让我得到了这份工作，我成了那家书店的活动策划。

书店想做脱口秀，但找不到合适的人选，作为员工我就硬着头皮上了，秀了20多场。从最开始的不敢讲，到敢讲，再到敢以暴露口吃的形式讲，我逐渐和我的口吃达成了和解。

我意识到，口吃确实是我的一个问题，但我不能跟口吃过不去。就像近视，你能跟自己近视过不去吗？我单身是因为我口吃吗？我经常换工作是因为我口吃吗？我身体不好、小时候家境贫困是因为我口吃吗？当意识到口吃是我的一个问题时，它被无限放大了。单身、职场焦虑、原生家庭的问题，可能很多人都有，只不过因为口吃，我把这些问题都怪在了它身上。这本身就是不成熟的表现。现在，我终于认识到了这一点。

偶尔，我还是会暗暗怪罪口吃。我是一个普通人，遇事会抱怨，抱怨很正常，但还是要克服困难，往前走，往前看。

真实活着才有出路

□谭洪岗

面对和接受触发痛苦的事实，会有一个过程。它可以引导一个人真实地活着，活出内心的强大。该面对就面对，该放手则放手，没有什么不能穿越。因为，心灵的力量远远超乎你的想象。

美国作家塞林格的名作《麦田里的守望者》，生动地刻画了十六岁男孩的苦闷焦虑，引起过无数人的共鸣。于2016年上映的美国电影《穿越麦田》，则以塞林格及其著作为背景，揭示了穿越青春迷茫的成长。

电影主角杰米是个不合群的预科学生，在学校的话剧里演配角，被观众喝倒彩；他迷恋的美丽女孩已有男友，眼里没有他。读过小说《麦田里的守望者》后，杰米激动不已，感到作者是世上唯一的知音，于是动笔把小说改写成剧本，并请求老师让这部话剧在学校上演，由他担任主演。

没等他说服老师，同学翻杰米宿舍的东西时，翻出了他写给塞林格的倾诉信，并在足球队里让众人传看这封信，大家一起嘲弄他认真写下的迷茫："在学校里感到像被运转的机器压制着那样窒息……"男孩子们动了手，杰米遭群殴。他愤而离校出走，想求得小说作者塞林格本人的授权，让他改编的剧本合法上演。

想必不少人向往过这样的出走。暂时离开生活的"一地鸡毛"，去寻找诗和远方。而当你下定决心走上你的道路时，助缘或许会蜂拥而至。女生迪迪喜欢杰米，发现劝不动他回家或回校，索性开车陪他一起去找塞林格。

念念不忘，必有回响，只是那回响不一定符合期望。真正的成长还包括，超越曾经有的"一定要如何"的狭窄期望，收到那"回应"本身。杰米和迪迪找到媒体透露的塞林格所住区域，挨家挨户敲门询问，居然找到了作家本人。没想到作家坚持认定，小说为大家心中的舞台而写，不能用于表演。即便杰米一再恳求说"我在学校过得很辛苦"，塞林格始终不同意授权。

杰米仍然不想回家或回学校，表示要去别的州，去找因吸毒被送去寄宿学校的哥哥。迪迪急了，悄悄给杰米妈妈打电话求助，意外得知了一个事实——杰米的哥哥已经死了。他俩开始交流哥哥的死亡时，我们才明白，杰米此行是一场他自己也说不清道不明的求助。能说出来的辛苦，都有机会化解、放下，并且真正过去。郁结于心、不知如何面对甚至不敢说出口的，是最深的苦。

谁的青春不迷茫？向往天高海阔，却每每力不从心；想法太多，却对此生要怎么活毫无把握。这背后若有家人满满的亲情支持，那些演出被嘲笑、求爱无能乃至被同学欺负的经历，都能想办法解决。然而，年龄相近的哥哥过世，像是熟悉的世界坍塌了。越是不愿接受，拼命假装哥哥还活着，压下去的悲伤痛苦就越尖锐撕扯。当深深的悲痛成了他不为人知的心情底色，学校里各种大大小小的不如意，都变得格外难挨。

好在，杰米终于开始面对亲人已逝的事实，而且身边有人关怀、聆听，设身处地去理解他。不仅迪迪在尽力支持，杰米回校后，老师们欣赏他周末寻访塞林格的经历，鼓励他就此向同学们做一场公共演讲。杰米看着那些曾对他动过手的同学，选择了从哥哥的过世开始讲起。

面对和接受触发痛苦的事实，会有一个过程。它可以引导一个人真实地活着，活出内心的强大。无论在读书听课中成长，还是在生活里历事练心，都需要走向脚踏实地的生活，对自己和别人真诚。

真实地活着，带给杰米许多自由。看到他的执着投入后，老师们鼓励他的剧本上演，并说明学校里的非营利演出，无损原作者权益。经历过这些，杰米真的长大了。他承认自己没有额外创作什么，剧本只是浓缩了小说内容，于是他没有署名。杰米也清醒认识到自己不见得是最佳男主角，便推荐了其他合适的同学担任主演。

自由不在于你拥有什么，而是要看你放得下什么。杰米甚至发现，之前为之倾倒的美丽女孩对他不再有诱惑力。那女孩的青春美丽并未减少，但身边有了真心相爱的迪迪，杰米懂得了真心的宝贵，不再追逐那些可有可无的身外之物。杰米实际收获的，远远超出他周末出走时的小目标。能成长、穿越、回归真实，这让人欢喜赞叹。

每个人必经生老病死，没有哪种处境需要特别感谢。值得感谢的，是你为扩展眼光和胸怀所付出的每一份努力，是亲友们给予的每一份关爱和支持。一切如实，该面对就面对，该放手则放手，没有什么不能穿越。因为，心灵的力量远远超乎你的想象。

如花在野，

用所有的力量盛放

当我们试图变得更优秀时，就必须像一个登山者。如果一座山峰已经在我们脚下，我们就必须再找一座去征服，否则，剩下的路就只有下山，走下坡路。人生只有一次，我们应该试着撇开诱惑，过向上的生活。不管这个世界上的人怎么说，我们都需要依照自己的信念做事，如花在野，用所有的力量盛放。

运　气

□吴　军

如果我们认同运气的重要性，就不必对自己太苛求。不过，如果我们有足够的耐心，有好的方法，有持之以恒的努力，或许运气会更多地降临到我们头上。

1

我从美国约翰·霍普金斯大学博士毕业时，校长威廉·布罗迪在毕业典礼上没有讲那些人定胜天的大道理，而是讲了运气对人一生的重要性。虽然时过境迁，但他所讲的内容我仍然记忆犹新：

我们从小被告知，每个人日后的成功要靠自己的努力，我想这一点毫无疑问。不过今天我要和你们讲的是运气的重要性。人一辈子总有走运的时候和不走运的时候。今天我要讲的这个人在很多人看来实在是一个不走运的人。

他出生在美国中部密苏里州的农村，出生在那里的人，机会总是要比出生在东部工业发达地区的人少很多。这个人家里世代是农民，他们很朴实，但是不富裕，有人称他们为“红脖子”。

这个年轻人在高中毕业后没有钱上大学。当时美国为数不多的、不用交钱就可以上的大学是陆军学院（即西点军校），但他的视力太差又不够格（视力分别是0.4和0.5）。

接下来的十二年里，他都是在家乡的农村度过，做过杂工，在农场干了多年的农活，甚至为了一口饭担任过神职人员。他曾经向中学的一位女同学求婚，但是被对方拒绝了。

在这期间，他在密苏里州国民警卫队服过役，并且用业余时间学习了法律，却没有机会从事这方面的工作。第一次世界大战期间，他作为一名炮兵上尉到法国作战，因表现英勇荣升少校。

由于有了军队服役的经历，当他再次向那位女同学求婚时，对方答应了。同时，他也得到了去俄克拉荷马州的西尔堡野战炮兵学校学习的机会。看来他要时来运转了，但是命运并没有垂青于他。等他从炮兵学校毕业后，战争已经结束，各国都在裁军，他没有了去处，只好回到家乡开了一家小店。

这时他三十六岁了，已经不算年轻。经营小店时，他认为安德鲁·梅隆的政策不利于穷人，便参与政治，成了一名民主党党员。由于他经营不善，几年后，小店在20世纪20年代美国经济一片繁荣的大背景下破产关门了。

小店破产后，他竞选当上了当地小县的法官。这个职务和今天人们理解的单纯的司法人员不同，实际上是兼管当地治安的行政人员，每两年选一次，两年后他就被选了下去。这时，他又进入大学开始学习法律。作为退伍军人，他上大学是免费的。学习期间，他竞选所在县的首席法官，结果选上了，当然也就离开了学校。这时他已经四十二岁了。

县首席法官是中级公务员，没有多少收入，影响力也有限，如果运气好的话，这个位置上的人会一直干到退休。这个中年人的情况也差不多，他在这个位置上做了八年，没有任何升迁。这时，他已经五十岁，留给他的机会不多了，他决定去竞选密苏里州的参议员。

不幸的是，他并没有得到民主党的支持，他前面还有4个更合适的候选人。按照惯例，这时他应该在县里找一份有收入的虚职然后终老。当然，如果是这样，历史上也不会有人知道他。

不过就从这时起，运气开始站到他的一边。这4位候选人都出于某些原因不适合或者不愿意竞选参议员，民主党只好支持他出来竞选。在接下来的选举中，他战胜了共和党的候选人，这可能是他人生的第二次好运气。

作为一个来自密苏里这种小州的参议员，他原本没有机会成为国家领袖。不过，到了1944年，他的好运气又来了。罗斯福要第四次竞选总统，他知道自己的身体已经无法完成下一个4年任期，因此副总统会自然递补成为总统。

罗斯福最好的搭档是当时的副总统华莱士，但华莱士是一个和苏联走得很近的左翼人士。这在二战期间没有什么问题，但在战后重建国际政治秩序时，华莱士当总统会导致美国社会的分裂。

因此，罗斯福需要找一个四平八稳、各方面都能够接受的人选，于是这位一直支持他的新政、看上去毫无性格、谁都不会反对的参议员，反而成了合适的人选。就这样，这位参议员在1945年成为副总统。几个月后，罗斯福总统去世，他继任了总统。他就是美国第33任总统杜鲁门。

2

在接下来的演讲中，布罗迪分析了我们应该如何对待好运气和坏运气。根据我的理解和后来十几年的体会，我用自己的话讲给大家听。

人总是有运气好的时候和运气不好的时候，中国有一句俗话，“老天饿不死瞎家雀”，讲的就是这个道理；李白也曾讲“天生我材必有用”，道理差不多。每次我走到死胡同，要寻找出路时，就会想到李白的这句诗。人在运气不好的时候，最需要的不是盲目努力，而是慢下来思考，有耐心地做事情。

给谷歌员工讲授“金融学101”课程的马尔基尔老师总是讲：“时间是你的朋友，而时机不是。”也就是说，耐心是成功的第一要素。过去的四十五年里，美国股市的回报率大约是7%（略低于8%的历史平均值），累计到今天，涨了20多倍。但是，如果你错过了股市增长最快的25天，你的投资回报就少了一半，每年只有3.5%。这样四十五年下来，你的回报不到4倍，也就是说，财富积累至少会少80%。至于那25天是什么时候，没有人知道，聪明的投资人永远在股市上投资，而不是试图挑选最低点和最高点。

因此，摆脱坏运气的关键是耐心，让时间成为我们的朋友。杜鲁门成功的要素，第一就是耐心，他有足够的耐心等到他时来运转的时候；第二是他善于把过去看似没有多大用途的经历，变成帮助自己日后成功的财富。

杜鲁门的成功还有一个重要因素是低调朴实。罗斯福身边并不缺聪明人，但杜鲁门是为数不多能够为各方接受的人。1948年，杜鲁门在争取连任时运气实在不算好，很多人一开始都不支持他，外界也不看好他，在盖洛普民意调查中，他一直落后于对手杜威。所幸，杜鲁门不是有着玻璃心的人。困境中，他善于在厄运中做事的本领发挥了作用，他并没有什么好方法，比对手多的就是耐心和踏实。他一个选区、一个选区地拉选票，有时一天要做很多场演讲，有的演讲就几个人听，不过他依然认认真真地做。最终，幸运之神垂青于他。

杜鲁门1948年成功连任总统有多少运气的成分呢？非常大。不过，正是因为他了解这一点，他一生都很谦卑，没有为自己的成功沾沾自喜，这才让他的后半生不断得到好运。

我们在生活中经常遇到这样的人，成功了觉得是自己努力的结果，失败了是运气不好，他们经常会抱怨命运的不公平。今天的美国也有同样的情况。大部分长期吃救济的人都抱着这样的想法：自己不过是运气不好而已。但是，如果一个人能反过来想，在成功时感谢帮助过自己的人，感谢上天的安排，在厄运中泰然自若、看清自己，或许更容易等到时来运转的时候。

我接触到的成功者中，绝大部分人都认为自己不过是交了好运而已，不炫耀自己的能力，也不过分强调自己的努力。有了对运气的认同，人就会少一些怨气，就能更平和地做事，也就更接近成功。

既然我们认同了运气的重要性，就不必对自己太苛求。不过，如果我们有足够的耐心，有好的方法，有持之以恒的努力，或许运气会更多地降临到我们头上。但是，如果我们努力了，运气依然没有来，怎么办？在这种情况下，我总是用约翰·肯尼迪的话安慰自己："问心无愧是我们唯一稳得的报酬。"因为我能做的不过是"尽人事，听天命"而已。

对每一次转折都有所觉察

□寐　决

一个人的悲伤不能太深，否则会淹没自己。快乐也不能太甚，否则容易乐极生悲。只有清醒地活着才是好的。对所走的每一步都有意识，才能对每一个转折的时刻都能有所觉察。

在一次失败的旅行之后，我重新回到家中，开始清扫自己的房间。这个过程让我的心得到放松。不是所有人都能提供心灵上的帮助，要除心魔，唯有自己。

在回程的火车上，与三个不算熟的人聊天。我知道他们在尽力给我进行疏解，虽然结果不太乐观，但我仍然感激这份情意。一觉醒来，昨日的悲伤愤怒似乎已经忘却大半。我背上行李融入下车的人群，默默回到自己的住处。

一瞬间好像回到从前的场景，觉得似曾相识。每次痛苦都无二致，不过是与自己的内心无法达成和解，于是各种坏情绪压垮精神的最后一道防线。整个人会如同发疯一般，情绪不受控制地流淌，暂时失去理智，且不为自己失控时所做的事承担责任，即使闹笑话也只能选择忽略不见。这是不容乐观的情况，每个人或许都有过。

回家之后，我花了很长时间来做各种极其琐碎的事情，包括床单被套的清洗和更换，给花朵换新水，收拾书桌和衣柜，擦干净落灰的吉他，收起一直未使用的画架，还有各种杂物的整合。在做这些事的时候，洗完并晾晒了两桶衣物，以及连续背了四个月的包终于在今天抽空手洗。我感觉自己完成了许多事，可是没有成就感，只觉得十分劳累。

后来在环顾房间里的物品时，突觉心累，不知何时居然添加了这么多东西。而在一个多月前搬进来时，我的负担远不如现在这般重。自己所增添的物品，其实都是给心灵的负重。我想扔弃，却发现不能这样。画架能不要吗？吉他能不要吗？做手工的材料能不要吗？似乎都不能。可这些东西占据我房间里很大的位置。最后我只能暂时收起来，放在衣柜旁边，心想还是眼不见为净好。

或许是从前受过累积物品的痛苦，我在某些方面倒是极为克制。我现在的衣物鞋子其实是很少的，并且一年四季都在穿，没有购买更多的欲望，这是我所满意的。而除了这件事，其他方面似乎都挺失败的。若和其他女孩的衣装百变相比，或许我在着装上的一成不变也是失败的。我有时候笑自己不像个女孩子，不懂打扮、不体贴、不温柔，甚至没有知心的朋友，也没有所谓的闺蜜。

我活成孤独一人的样子，真是印证了最喜欢的那个“独”字，如今的生活与它已经越来越相似。我不知道是刻意还是自然就成了现在的局面，而我最初不过是想成为一个独立并且独特的人。人人生来都孤独，热闹不过是聚众取暖，一拨人散去一拨人再来。究其根底，是不牢靠的。而孤单不会，这是根深蒂固的。

我对许多事物的看法也逐渐发生变化，深信不疑是不可能的。成长的过程可能就是不断地推翻从前所深信不疑的一切。现在我开始学会怀疑与思考，并对从前已有的全部认知进行重新认识，甚至推翻和再学习。虽然生活上可能没有多大变化，而我的想法也许在暗地里已经发生巨大变动。

有时候我不愿意看到背后的更深层面，但又欣赏那些看得极其透彻的人。这种人明知道将来会孤独，倒也不怕把假象拆穿，一个人活在真实里。这种决绝的勇气，至少现在的我还未拥有。我承认自己还是贪恋一些小热闹，不管聚众取暖的人是陌生还是熟悉，至少开怀笑过，就能带走一丝悲伤。

一个人的悲伤不能够太深，否则会淹没自己。快乐也不能太甚，否则容易乐极生悲。只有清醒地活着才是好的。对所走的每一步都有意识，才能对每一个转折时刻都能有所觉察。这样的人才不会麻木。

想到此，我又觉得一切似乎没有那么可怕。就算一次失败的旅行，也不过是一时的沮丧。收拾好自己的心情，然后和送给自己关心的人道一声安好，这样就足够。即使漫漫长夜，也不足惧。

你特殊在哪里

□万维钢

做决策，必须要有这样的精神：第一看基础比率，第二看自己是否特殊。基础比率无疑是最好的参考资料，而切实的特殊理由更有助于你便宜行事。

用基础比率预测，用过去的经验判断未来，是一个特别靠谱的决策方法。就算你认为自己很特殊，也要先了解基础比率，再在这个基础上做些修正。

希斯兄弟在《决断》中讲了一个真实的案例，特别能说明问题。

1998年，美国有个年轻人叫布莱恩，得了一种罕见的血液病，叫“骨质增生异常综合征”。他骨髓的造血功能出了严重的问题，血液中血小板的数量非常少。如果不采取治疗措施，布莱恩还有五六年的存活时间，并且能在这段时间内正常地生活。但是五六年的时间一到，他的病情会迅速恶化，将会不治身亡。

布莱恩还有另外一个选择，就是做骨髓移植。如果手术成功，他的身体便能建立一套全新的免疫系统。但骨髓移植是一项非常危险的手术。首先，需要找到一位匹配的骨髓捐献者，但即便如此，也不能保证骨髓移植之后患者的身体不会出现排异反应。其次，手术前前后后需要历时一年。在这一年时间内，他的身体等于是没有免疫系统的，也就是说，如果出现任何感染，哪怕是普通的感冒，都会带来生命危险。

所以，摆在布莱恩面前的选项有两个：过五六年平静的生活，然后死亡；或者进行一场风险极高的手术——成功了会恢复健康，失败了一年之内就会死亡。

这是一个非常艰难的决定，而且当时布莱恩的妻子已经怀孕六个月。如果布莱恩选择不做手术，他还可以和自己的孩子相处五年时间；如果做手术，很可能孩子刚出生，他就死了。

布莱恩首先考虑的就是手术的成功率。一般骨髓移植手术的成功率，也就是我们刚才说的基础比率，并不高。但布莱恩并没有直接接受基础比率。他反复追问医生：手术到底会出现什么样的并发症？每种并发症带来的危险性到底有多大，是5%还是50%？他发现医生其实也不是很清楚，他不得不自己进行深入研究。

这一深入，布莱恩就获得了一个重大发现。手术成功率的基础比率，是医院对所有患者手术结果的总的统计数据。那么，相对于基础比率，布莱恩有两个优势。

第一，大多数做骨髓移植手术的病人是六十岁以上的老人，而布莱恩只有二十八岁。

第二，骨髓移植手术在世界各地的医院进行，有些医院每年会做300多例，很擅长该手术；而有些医院每年只做30例，并不擅长该手术。如果布莱恩去美国最擅长骨髓移植手术的医院做这个手术，显然能提高成功率。

最后布莱恩决定做手术。在好不容易找到匹配的骨髓后，他进行了手术，并且非常成功。布莱恩一直到今天还活着，成了一位大学教授。

这就是一次非常成功的决策，其中有关于怎样使用统计数据的智慧。

首先我们必须承认，基础比率是一个非常关键的指标，大多数情况下你不比别人特殊多少，哪怕你觉得你很特殊，其实你也不一定特殊。另一方面，特殊情况的确存在，布莱恩的年龄、一家经验丰富的医院，就是实实在在的特殊因素。

那么关键就在于，你找到的特殊因素，一定得是真正的特殊。

许多事情光看统计数字是看不出来的。富兰克林·罗斯福当总统期间，就不完全相信统计数字，一个政策的实施效果究竟如何，他总要亲自去访问一下当事人，去了解一线的情况。

我们平时做决策，就得有这样的精神：第一看基础比率，第二看自己是否特殊。比如，你打算去一家以前没去过的餐馆吃饭，你想知道这家餐馆好不好，最好的办法是先去看看网上的评价。你打开手机应用一看，这家餐馆的评分是三颗星。如果只看评分的话，你就不应该去了。不过你也可以仔细研究一下这个评分是怎么来的。你一看具体评论，有很多人给它打了五颗星，也有很多人只打了一颗星。而打一颗星的这些人之所以不喜欢这家餐馆，并不是因为饭菜不好吃，而是认为价位太高，对价格不满意。

如果你能承受这个价位，那这家餐馆对于你来说岂不是很理想吗？

这就叫既尊重一般知识，又能做到具体问题具体分析。

当我们预测未来的时候，首先要想到自己并不比别人特殊，基础比率是最好的参考资料。如果你不想听从基础比率，那么你就得拿出非常特殊的理由，而且这些理由必须是切实存在的与别人的不同之处。

我也曾对这种力量一无所知

□韩　寒

每个人都有他擅长的一面，取长补短不如扬长避短。一直沿着自己的路走下去，把自己最擅长的一面发挥到极致，谁说这不是一种专业的精神和纵深的执着。

经常有朋友问我，民间高手和职业运动员到底哪个厉害。作为某些运动的民间高手，又作为赛车职业运动员，我更能说说自己的感受。

首先向大家介绍一下我的爱好之一——足球。我自认为脚法不错且身法灵活，从初中开始，班级联赛拿过全校冠军，在校队踢过前锋和门将，“新民晚报杯”中学生足球赛拿过区的四强。我护球很像梅西，射门很像贝利，一度觉得可以去踢职业试试。然而这一切都在某个下午幻灭了。

那是十几年前，我二十岁，正值当打之年，一个学生网站组织了一场慈善球赛，我和几个球友应邀参加，他们也都是上海各个高中校队的优秀球员。对手是上海一支职业球队的儿童预备队，都是五年级左右的学生。我们上海高中名校联队去的时候欢声笑语，都彼此告诫对小学生下手要轻一点，毕竟人家是儿童，哈哈哈哈。由于匆匆成军，彼此都记不得名字，决定各喊球场上的外号，比如二中菲戈、附中克林斯曼、杨浦范巴斯滕、静安巴乔。

上半场结束后，我作为金山区齐达内只触球了一次。你们没看错，我只触到了一次球，上半场仅20分钟，我们就被灌了将近20个球。后来裁判嫌麻烦，连进球后半场开球都取消了，直接改为门将发球门球。我们进球0个，传球成功不到十次，其他时间都在被小学生们当狗遛。

半场结束，我们不好意思再称呼对方的外号，改为了叫球衣数字。队长把我们聚在一起，说，兄弟们，这样下去要输50个球，要不下半场我们就都站在门口堵门吧，力保丢30个球以内。

最后这场比赛没有下半场，对方教练终止了比赛，说不能和这样的对手踢球，会影响小队员们的心智健康。于是活动直接进入慈善捐款环节。我们上海高中联队的球员们在全场女生复杂的眼神中，排队上台，向捐款箱中火速塞钱，并在一片鸦雀无声中退场。

从那次以后，每次和大家一起看球，看到职业队踢了一场臭球以后，身边的朋友们纷纷骂说自己公司的球队上去也能把申花、国安、恒大、国家队等队伍灭掉的时候，我总是笑而不语，心中荡漾起二十岁那个下午，被小学生支配的恐惧。而我也曾对那种力量，一无所知。

然后向大家介绍一下我的职业生涯。中国赛车有两大历史最悠久的顶级职业联赛——中国汽车拉力锦标赛（CRC）和中国汽车场地锦标赛（CTCC），我获得过两次CTCC年度车手总冠军，五次CRC年度车手总冠军。我参加职业赛车的十四年里，一共获得七次年度车手总冠军，五次年度车手亚军。如果某天，外星人入侵，每个国家必须选出最强的两个车手去抵御外星人，大家记得一定要选我，不要被我的其他工作所迷惑了，误以为我是开明星组娱乐赛的。我一定能替大家把外星人赶出中国。

我经常遇到来自出租车司机、专车司机和各种民间高手的挑战。这还不是在街上互相飙车，而是在我坐上他们车的时候，挑战就开始了。有些司机师傅认得我，常对我说他们去参加比赛的话，成绩应该也不错，不输于我，因为他们在街上开了几十年，红灯起步抢位钻缝也经常力压百万级豪车。说着说着，司机师傅情不自禁就开始飙了起来。我都是吓成了皮皮虾，司机就大笑起来，小兄弟，你职业赛车手这个胆子不行嘛。许多次去外地参加活动，那些师傅一看我坐在车上，也是开得飞起。因为司机们普遍有一颗想虐我的心，导致我现在基本上参加任何活动都自己带驾驶员或者索性自己开车，主办方安排的司机后排请落座。除此以外，通过私信和朋友委托，直接向我下战书的也不少。

想听到火星撞地球大战的朋友们可能要失望了，我从来没有和民间高手、街道大神正面较量过，因为这不是一个次元的事情。赛车和打乒乓球不一样，赛车有一定的危险，对自己对他人都是，为了保护人民群众的生命财产安全，我不能随便和民间高手比试谁开车水平更高。

可能有人要笑话了，你怕是输不起吧。我只能告诉你，你对那种力量一无所知。千万别被“高手在民间”这句话催眠了，更别被电影和武侠小说忽悠了，在山里劈了五年柴，在瀑布底下打了七年水，用筷子夹了十年苍蝇，然后就去挑战散打职业运动员，会死人的。人们乐意看到顶级格斗高手被民间摊饼大叔利用平时做煎饼所积累下来的技术打败，也普遍愿意相信这样的故事，更津津乐道于捡到一颗仙丹，看了一本奇书，三天速成干翻一代宗师，归根结底还是这样的故事能爽到大家，产生一种“高人不过尔尔，说不定我也可以”的满足感。可能在某些手艺活方面，的确高手在民间，但我相信那也是经过了大量的学习与准专业训练，绝不是一朝一夕可以练就。另外一方面，竞技体育以及科研科技等领域，所谓民间高手更不可能与专业人员抗衡。

我做过多次的赛车驾照培训班的主教官，遇到过不少有趣的学生。我能感受到他们有着非常高的心气，家境也不错，有一定的驾驶基础，开着超级跑车或改装车来学赛车执照。他们在理论课的时候已经跃跃欲试，对教官讲述的内容也略不耐烦（这种性格其实挺好，符合优秀车手的冲劲儿）。在介绍自己的时候，他们也时常透露出自己开车很快，是他们全镇之光。我还遇到过直接站起来说“我从来没遇到过对手”的学生。一般我们都是很保护学员的这种自信的，因为反正他们的自信心会在未来几天里被摧毁，从他们坐上助理教练开的车过第一个弯的时候。

有很多一开始抱着砸场的目的，中途又变成了小白兔的学员，后来在职业赛车里都获得很好的成绩。因为他们拥有敢于挑战的心，但也拥有自我认知调节的能力和学习的欲望。最关键的是，他们之后无一不是经过了大量的练习，从新手赛开始，一步步成为优秀的职业车手。

所以，想挑战我的朋友，赛事是向所有人开放的，你可以先参加赛车培训，然后去参加新手赛。有些新手赛不算很贵，有了好的成绩可以去好的车队。而我就在赛场上，只要你有很高的本事，通过正规赛事渠道，可以光明正大地公开虐我千百次。

最后说说我挑战其他行业世界冠军的经历。

经历了那场被小学生团灭的球赛以后，我觉得，可能我更适合一个人的运动吧，比如打台球。

于是我打了很多年的台球，球技日益成熟。作家圈公认的台球高手石康，在经过无数个夜晚的鏖战最终输给我后，远走美国，一去不返。身边能和我抗衡的人越来越少。我潇洒的出杆、奇妙的走位，折服了身边的朋友，他们给了我一个外号：赛车场丁俊晖。然而，我还是更喜欢一年多前，一个球馆老板叫我的那个名字——松江新城区奥沙利文。

就在前几天，我去和潘晓婷打球。我是这么想的，虽我实力不如她，但凭借着我职业赛车练就的抗压能力，多年起起伏伏带来的强大心态，至少还是有一丝机会的。况且她也是人类，总是会失误的吧。

因为她是世界冠军，让她开球我基本就没有上场机会了，所以我们约定，输了的开球。潘晓婷把球摆好，说，你开球吧。九球天后为我摆球，我松江奥沙利文还不得好好表现一番。对于这次的较量，我做好了应对的方案。我会多做防守，迫使潘晓婷尽量打远台进攻，等待她的失误，我再一剑封喉，用我的智慧和心态，弥补实力上的差距。想到这里，我嘴角露出了一丝诡异的笑意，慢慢起身，抄起杆，一个大力开球。

那个夜晚，我基本上只在干一件事情，就是开球。

寻找孤绝

□明前茶

人生终究是一个人的旅程。就算一家人都在身边，赤诚于一种事业的人，也必有一些岁月，要把自己放逐到孤绝之地。

1993年，作家韩东做了一个重大决策：他不能在家里写作，他得去一个看不到家人与电视机的地方。

当时他母亲正好赶上单位福利分房，在离家有两站公交距离的地方，分得一间平房。就是那种冬寒夏热，下暴雨时一定会漏雨的老平房。韩东决定每天带着母亲准备的饭盒，去那里写作。所有的朋友都表示不解。因为韩东为了写作已经从南京审计学院辞职了。一旦成为自由职业者便意味着没有工资，没有医疗与养老的保障，唯有依靠稿费生活。此时，留着家里的一间房出租，不是可以挣来一点安全感吗？ 韩东断然拒绝了这一建议，他的说法是：如果我妈在旁边晃悠，我就狠不下心来，对我笔下的人物那么狠。

想获得功力的长进，必须远离家人。就像武侠书里的高手们，若要练成秘籍，绝不可成群结队，他必须一个人留在洞穴里，抱着置之死地而后生的信念闭个关。

于是有好几年时间，韩东都是带着母亲准备的饭盒到他的“工作室”去，一写一天。他唯一的放风时间，就是穿越平房区里密如蛛网的小巷，去公共厕所。说来也怪，自从有了这间工作室，韩东的小说忽然变得好读了。有位读者甚至说：“一看就不是在水泥楼房里写出来的。很多词句都有莫名的韵律，是一个人站在春天的旷野上，唱了一首民谣的感觉。”

这样的“工作室”，沈从文先生也有一间。1972年早春，沈从文夫妇拖着老病之躯从“五七干校”返回北京，他们愕然发觉，东堂子胡同里分给他们的三间宿舍，已被造反派占用了两间，只剩下唯一一间“横可走三步、纵可走六七步”的小房子。同年夏天，作协领导看沈从文一家的居住情况实在太过艰难，在小羊宜宾胡同分给沈从文妻子张兆和两间房，约十九平方米，距离东堂子胡同宿舍约有两里地。此时沈先生已经七十岁，为了尽快把手头上的研究完成，他选择与夫人分居。此后六年多的时间里，张兆和带着孙女住在东边的小羊宜宾胡同，沈从文每日中午赶来吃饭，然后再用一个带盖儿的藤竹饭篮，装好当天的晚饭与次日的早饭，返回西边的东堂子胡同。张兆和形容说，沈从文当时的研究热情，完全像一个十七岁的湖南痴子。东堂子胡同的小房子里，到处堆满了他婆娑再三的原材料——读书卡片、摘记、各种各样的服装面料。一些小块绸缎与乐舞舞姬的陶瓷小像，甚至是沈先生从西南联大时期就开始收集的。它们能历经劫难而留存下来，简直堪称传奇。

六年闭关生活，令沈先生“拿下”的领域，远不止“中国古代服饰研究”，还包括绸缎史、家具发展史、前期山水画史、陶瓷加工艺术史等。而他的“工作室”只是一处“二茅轩”——房子与院子里的男女厕所相邻，沈先生便有这样的自嘲。

沈从文去世后，张兆和对其有“相处一世，我终究不能完全理解他”的浩叹。这句话充满失而复得、得而复失的复杂情感。但是，做大艺术家的家人就是要能忍受这样的苦痛。他必有一扇门，是不对你打开的。就算一家人都在身边，赤诚于一种事业的人，也必有一些岁月，要把自己放逐到孤绝之地。

神奇的“谎言”

□［英］杰拉尔丁·麦考林　译／一　名

当一本书给我们讲到闻所未闻、见所未见的人物、感情、思想和态度时，它其实就在我们面前打开了一扇窗，能让我们看到一个不可思议的新世界。

为完成学校布置的五年级实践作业，我被分到镇图书馆参观学习。那天，当我聚精会神地听着副馆长为我讲解微缩胶片机的工作原理时，他突然停止了讲解，转身呵斥起一个身着绿色灯芯绒外套、白色板球裤的年轻人。通过他俩的对话我得知这个年轻人叫伯克夏尔，没有工作，也没有固定的容身之所。他嗜书如命，白天在图书馆待一天倒是正常，夜晚潜藏在图书馆过夜可就说不过去了。“我们家的店需要人手。”我大发慈悲，脱口而出。伯克夏尔注视着我，仿佛看到救命恩人一般。

事后，我有点后悔把伯克夏尔领到母亲的古董店帮忙，因为他整日蜷在沙发里读旧书，几乎不主动招呼客人。我也承认，我们家的古董店确实生意冷清。

那是一个雨天，一对情侣手牵着手跑进店里躲雨。对于这样毫无购买欲的客人，我们自然心知肚明。那女孩儿浏览起货架上陈列的商品，偶尔回头向男友称赞着精巧的做工：“噢，布莱恩！快看这只盘子，上面的图案真的太美了！”那是一件来自遥远的东方——中国的青花瓷盘，但说实话，若不是那女孩儿看到它，我几乎快忘记店里还有这么一件古董了。

这时，“隐藏”在沙发一角的伯克夏尔合起手中的书走了过来，礼貌地说道：“这位小姐似乎对古老的中国很感兴趣呀。那么，请允许我给二位讲讲这只盘子背后的故事吧。”窗外的雨还没有停下来的意思，这对情侣便也心甘情愿地当起了“听众”。

在中国乾隆年间，有一个叫何霸的瓷器商人，他有一个非常漂亮的女儿，名叫何柳。这位商人很少自己动手烧制青花瓷，而是让他的徒弟——有一副好手艺的老实人华方替他烧制，赚来的银子却悉数揣进自己的口袋。

渐渐地，何柳爱上了勤劳朴实的华方，虽然二人的身份一个天上一个地下，但仍无法阻挡何柳对华方的眷恋。华方心里也喜欢何柳，只是自己一贫如洗，只能把爱默默埋藏在心底，同时将对何柳的爱慕之情通过绘画全部倾诉在一件制作中的瓷盘上：亭台楼阁历历在目，花鸟草木栩栩如生，除此之外，巧手的工匠、可爱的女儿，还有凶神恶煞的父亲也仿佛施了魔法一般跃然“盘”上。

当然，何霸对这一切一无所知，即便知道了，他也绝对不会同意自己的女儿嫁给一个默默无闻的穷工匠。所以，他擅作主张把何柳许配给了财主家的儿子朱肥。何柳得知这个消息后，心都快碎了。怎奈父命难违，转眼到了成亲的日子。那天华方用这只烧制好的瓷盘盛满新鲜的草莓献给新人，何霸和朱肥只顾着粗鲁地抓起草莓大快朵颐，何柳则目不转睛地望着那瓷盘，根本没有胃口吃东西。

渐渐地，盘底的图画出现在眼前，何柳惊喜地发现，画上描述的正是自己与华方的故事呀。她的心跳开始加速，仿佛听到了华方的呼唤。于是，她借着给父亲再盛些水果的机会，避开喧闹的人群，紧抱瓷盘，一路小跑来到后花园，走过石桥，便看到了在凉亭里来回踱步的华方。

“你来了。”“嗯。”“你为了我放弃了一切。”“不，我拥有了一切。”他们一起逃出了瓷器作坊，携手奔向了自由的世界。

“后来呢？瓷盘怎么会出现在这里？”女孩儿迫切地想知道后续的故事。

伯克夏尔不紧不慢地回答道：“后来，他们俩逃上了一艘葡萄牙的商船，船长见他们身无分文，就提出要拿这只精美的瓷盘充当旅费。船长觉得这瓷盘会为自己的船货增色不少。华方和何柳便同意了，因为在他们看来，他们已经拥有了更为珍贵的东西。”

“布莱恩，你买下送给我吧！”“特里西，别傻了，这件有故事的瓷器肯定要好几百英镑呢。”

“那倒不一定，”伯克夏尔又开口了，“价值这东西，有时候不需要通过价格来体现。”雨停了，那对情侣翻遍了他们所有的口袋，凑了不到一百英镑，心满意足地捧着瓷盘走了出去。

待那对情侣离开后，母亲幽幽地问道：“可是，伯克夏尔，那些都是根本就不存在的故事，对吧？”伯克夏尔没有回答，我扫了一眼他手中的书，书脊上写着：中国民间故事传说。

说起来有点难以置信，自那以后，伯克夏尔凭着他那张能说会道的嘴，加上平日里从那些五花八门的旧书中获得的知识，竟将店里的古董接二连三地卖了出去。

爱尔兰赌徒的旧钟、南方庄园主的铜床、西太平洋商船上的羽管键琴，甚至是一个小小的灌铅玩具兵，那些不起眼的物品，经过伯克夏尔绘声绘色的讲述，愈发闪耀着诱人的光芒。那一个个故事，保证离奇到让你惊掉下巴，但是在听完故事的几分钟里，又令人沉醉其中无法自拔。

在一次拍卖会上，伯克夏尔喊出700英镑的“天价”拍下了一张大理石餐桌。妈妈吓得险些晕过去，我也一脸惊愕地看着伯克夏尔，要知道我们根本不可能为此付出这么多钱。可是伯克夏尔不急于付款，转而同身边的一位商人侃侃而谈，讲起了关于那张餐桌的古老传说，最终竟然以1000英镑的转让价卖给了这位富商。伯克夏尔的聪明劲儿又一次显露了出来！好吧，我不得不承认，我开始有点迷恋伯克夏尔了。

名家高手为何要自重身份

□岑　嵘

名誉虽然不是德行的真正原则和标准，但它离德行的真正原则和标准是最近的。如果毁掉了你的名誉，分明也就是送掉你的未来。

在武林中，高手有高手的处世原则，尤其是那些武学宗师，在对敌一击不中之时，即便看着对方从自己眼皮底下逃走，也不宜再追。

《神雕侠侣》中，“李莫愁得此空隙，急忙挥拂尘打熄烛火，从破壁中钻了出去。黄药师未能致其死命，终于给她逃脱，自顾身份，已不能出屋追击。”

《笑傲江湖》中，“（岳不群）虽然自己适才衣袖这一拂之中未用上紫霞神功，若是使上了，未必便输于和尚，但名家高手，一击不中，怎能再试？他双手一拱，说道：‘佩服，佩服。’”

武林中的这种规则是怎么来的呢？

当岳不群“以袖功挥出长剑，满拟将田伯光一剑穿心而过”，却被不戒和尚化解，可见不戒和尚武功不弱。岳不群也可以接着用上乘的紫霞神功攻击不戒和尚，但仍然可能没有击倒对方，于是岳不群施展出更厉害的华山剑法……其结果很可能陷入缠斗。

在博弈论中，被这种一小步一小步拖入泥潭的情形称为“腊肠战术”。2005年诺贝尔经济学奖获得者托马斯·谢林说：“我们可以肯定，腊肠战术是小孩子发明的……如果你叫孩子别到水里去玩，他就会坐在岸上，光脚伸进水里，这样他还不算‘在水里’。如果你默许了，他就会站起来，他泡在水里的部分和刚才一样。你若是考虑再三，他就会开始蹚水，但不会走到水深的地方。如果你过会儿再思考这究竟有何不同，他就会走到稍微深一点的地方，还争辩说他只是来回走动，这没什么不同。很快，我们就叫他别游出自己的视线，一边奇怪自己刚才的叮嘱怎么变成这样了。”

所以，当一击不中就绝不再出手，可以保持宗师身份，一旦陷入缠斗，那丢的脸可能就更大了。

名家高手自重身份，另一个重要原因就是创造声誉。如果你是江湖成名人物，那你就该按照江湖规则自重身份，一旦你反悔，你就可能丧失可信性方面的声誉。

在一生只遇到一次的情况下（单次博弈），声誉可能不那么要紧，所以也没有多大的承诺价值。但是江湖是个熟人圈，声誉会被广泛传播，你未来的对手会记住你的行动，也可能从其他人的嘴里对你过去的行为有所耳闻。因此你要有建立声誉的动机，这有助于你未来的策略行动显得更为可信。

声誉对于江湖人士至关重要，声誉越是强大，别人对你江湖地位挑战的欲望就越低，你的生存概率就越大。放过对手其实就是一个“强硬”的信号，说明我既不怕你苦练功夫来找我报仇，也不惧你邀好手卷土重来。因此，在这种信号上建立的声誉是真实可信的。

同时，声誉还是一种集体资产。

《倚天屠龙记》中，“灭绝师太这一剑竟然没能斩去她（殷离）手指。灭绝师太将长剑掷还弟子静玄，哼了一声道：‘这次便宜了你，下次再使这等邪恶功夫，休教撞在我手中。’她对小辈既然一击不中，就自重身份，不肯再度出手。”

灭绝师太虽然没有如愿断了殷离的手指，但她这样做却创造出了声誉，并且这种声誉不但属于她个人，更是峨眉派的集体财产。每一个峨眉派弟子都可以享用这种声誉，它其实就是一种无形资产，甚至当灭绝师太过世了，这种声誉仍然可以作为一种遗产留在峨眉派。

因此，制造有用的声誉远比砍断一个后辈的手指来得有价值多了。

嗜好与专长，哪个重要

□王鼎钧

一个人尽管有所好，也要常问自己何能。所好是人生道路两旁的风景，所能才是你走完全程的条件。

战国时期，冯谖到孟尝君门下做食客。孟尝君问他："客何好？"（您有什么嗜好？）冯谖的回答是我没有嗜好。孟尝君再问："客何能？"（您有什么专长？）冯谖说我也没有专长。

这段对话的精彩在于，孟尝君把嗜好和专长分开，很有意思。专长为人服务，嗜好自己享受。专长可以挣钱，嗜好自己花钱。专长，人受环境支配；嗜好，环境受人支配。孟尝君好像认为人应该有嗜好也有专长，他想借一个人的嗜好和专长了解那个人，而且他先问嗜好，后问专长，显示他对对方的尊重。

人活在世界上，最好既有专长也有嗜好。专长发展生活，嗜好调剂生活，例如一个化学家，工作提高他的生活水平，也使他的生活有意义。他在实验室里受定律支配，没有个人自由，空闲时候他画画，专画一切的不可能，反抗自然，这样，好像精神上就平衡了。

专长对社会有用，嗜好对自己有益，例如一个医生，平时在诊所担当病人的痛苦，压力大，周末喜欢打网球，和那些健康快乐的运动员共享阳光、新鲜空气和生命力，放松自己。

一个人的专长可以是另一个人的嗜好，歌手的专长是唱歌，有了空儿喜欢种花，花匠的专长是种花，有了空儿喜欢听歌。嗜好也可能发展成专长，听说美食家喜欢吃好菜，一心一意研究怎样做出好菜来，后来变成了名厨；也听说有人喜欢唱戏，自己拿钱出来维持一个戏班子，越唱越红，后来就做了职业演员。

嗜好和专长都需要培养，培养需要时间。常听人说"台上十分钟，台下十年功”，其实十年时间不够，所以又说“三年出一个状元，三十年出一个戏子”。其实状元至少也经过“十年寒窗无人问”，金榜题名只是冰山冒出尖顶来。

专长令人生敬，嗜好令人生爱。我总觉得周瑜比诸葛亮可爱，因为周瑜除了带兵打仗，文化生活很丰富，还喜欢音乐。他听音乐的时候通常不看演奏的人，若是演奏出了错，他才抬起头来看一眼，台上那美丽的女孩子就故意弹错一个音，引他看一眼。我喜欢这个故事。

当然，周瑜若是在赤壁之战打了败仗，他的故事就索然无味了。有一个孤儿院院长整天不上班，因为他养了三十条狗，他的嗜好压倒专长，你也可以说他改换了专长，变成了一个养狗的专家。他应该辞职转业，另开一个什么院，专门替富人照料宠物。

孟尝君先问冯谖“何好”，再问“何能”，大部分人都是先有乐趣，乐趣深化，成为嗜好，嗜好深化，成为专长。可是也有人嗜好并未培养成专长，而是发展出“癖”来。癖不是专长，也不是乐趣，癖是一种病。一个人尽管有所好，也要常问自己何能。所好是人生道路两旁的风景，所能才是你走完全程的条件。

那些绕过的路，都是风景

□周宏翔

生活中的勇者总是永远追求风景，他并不总是躺在晴空下面享受阳光，也常在暗夜里燃起火炬，给自己照亮道路，去遇见更多的人和事。

我们家曾有一辆自行车，很旧，我已经不记得牌子。上大学那些年，我和朋友讲起重庆的故事，说到那一座座绵延不断的山，以及穿梭在群山之中被嘉陵江环绕的城市，实际上不允许有自行车的存在。说“不允许”有些言重了，但事实上，和大多数城市相比，重庆的地形确实没有办法以自行车代步，即使是公交，上坡都需要加足马力，行驶起来轰隆作响，好像随时要在半路熄火一样。

我们家的那辆自行车是我爸的，我五岁前，爸爸还是骑自行车上下班的人。那时候一栋楼的邻居大多走路或者坐公交。我爸是在北方出生的南方人，可能因为这个，他能够非常娴熟地骑着自行车在山路之间穿梭。

我之所以能够那么清楚地记得我们家曾经有一辆自行车，是因为我熟悉那响铃的声音。当时住的库房楼，只要听到自行车的响铃声，我就知道是我爸回来了。童年之中，我对父亲的印象其实很浅，甚至找不到一个落脚点去回忆他的模样。那时候，父母和我确确实实住在一起，但在那个库房楼的岁月里，我唯一能记住的人是外婆。那么关于父亲的记忆，不知道为什么缺失得只剩下自行车了。

那时候父亲应该还是二十几岁，想来竟然和自己现在的年龄差不了多少。他喜欢把我放在自行车前面，一边抱着我，一边骑车。记得有一次，天很黑，厚重的云层让人有些压抑。我问他：“如果天塌下来了怎么办？”他说：“我护着你，天塌下来也不会很重，都是云，正巧可以当被子盖。”顿时我就觉得心安了。

关于我五岁前的记忆都是零星的。比如，我记得父母离婚之后，父亲带我去过一个偏远的乡下，具体是去做什么我不记得了，我只记得他就这样一边抱着我，一边骑车。路很陡，路面凹凸不平，都是石块，我感到昏昏欲睡，又很快被震醒了。当时天快黑了，眼看就要下大雨，他还是奋力往前，可是走着走着突然就停下来了。

“好像走错路了。”

“呃……”我睡眼惺忪，根本不知道到了哪里。

“再往前走走看。”他好像在对我说，又好像在对自己说。没走几步就下雨了，那时候是七月天，骤雨倾盆。父亲手足无措，就这样骑到了一个山坳里，有突出的岩块，可以躲一躲。

父亲揉了揉我的头发说：“还好没怎么淋湿。”当时他眼中的慌乱和不确定，我记得很清楚。二十八九岁的他，带着一个孩子，在不熟悉的地方迷了路，眼看天就要黑了，田间根本没灯。我说：“爸，我饿了。”父亲一面感到无助，一面又有些想哭（他确实红了眼睛），从口袋里摸了半天，也拿不出什么东西来。他说：“你睡吧，睡着就不饿了。”雨比想象中下得还要久，父亲就这样护着我，他身上大部分已经湿透了。

我睡着了，隐隐约约感觉到他背着我，扶着自行车慢慢往前走。后来大概走出去了，但怎么走出去的，我不记得。我只记得他自顾自地说着话，然后便一个劲儿咳嗽起来。在那之后，他发烧去了医院，病好了就继续上班，我又有很长一段时间没有见到他。他把我放在外婆家，偶尔来那么一两次。

父亲陪我的时间很少，后来他给我买了一辆自行车。他原本是想教我的，但是我太笨了，摔了两次，除了大哭什么也不会，最后他果断放弃了，便说：“去看电影吧。”

我之所以那么喜欢看电影，和父亲也有关系。他经常骑自行车带我去电影院，那些年，厂办的电影院还没有倒闭，还能够看到一些比较有意思的影片。有一次看《侏罗纪公园》，对于一个五岁的孩子来说，这算是足够恐怖的电影了，但是就在我一面尖叫一面躲避着看的时候，我才发现父亲睡着了。在那么精彩刺激的电影前，他居然在打鼾，我把他摇醒，他抹了一下嘴巴，看几分钟，又睡了。后来我才发现，原来不管看哪部电影，他都能睡着。

我们往往是最后离场的，我坐在座位上，等屏幕上显示完最后一个名字，才叫醒他。他伸个懒腰，看着满场已经没有人了，冲我笑笑，说：“啊，就这么结束啦。”然后摸着我的头，牵着我走出去。

有时候已经灯火阑珊，我抬头就能看见他的眼睛，充满疲惫、无助、迷茫，但是又带着微笑和勇气，义无反顾地前行。

在我眼里，他是个很笨的父亲，不会唱歌，也不会吹口哨，但是他可以把自行车骑得很拉风，在重庆上坡下坡的道路上随意穿梭。

父亲曾问我："你和我一起生活，觉得苦吧？"我不知道他为什么要问一个四五岁的孩子这个问题，我没回答。他想了想又说："总之，你以后可不能像我这样没出息。"说完，他就长长地叹一口气。

有时候，明明有近路可以走，父亲却总是喜欢绕远路，我说："你是不是又不记得路了？"父亲说："难得陪你一次，就想多带你兜兜风，看看风景。"那些绕过的路都很长，长到我总是睡着，总是等他抱我上楼，把我放在床上，第二天醒来又看不见他。

我和父亲相处的岁月，单薄到让我模糊，但是对于这两件事，我始终记得很清楚。一个跟我如今差不多年龄的青年，带着一个四五岁的孩子，摇摇晃晃地穿过市井、山坳，穿过那些岁月的剪影。他说那些绕过的路，都是值得去欣赏的风景。

有一天，我骑着自行车在上海的夜色中融入车流时，才意识到父亲曾经教我骑自行车时对我说的话。他教了我很多次，我终究也没有学会，他说："不学会也好，等你学会的时候，估计也就不需要我了。"

我看着前方跳转的红绿灯，突然有些出神，后面的汽车鸣笛声把我拉回了现实，我骑着自行车穿过那条斑马线，想起父亲的脸，却怎么也不够清晰，原来，我们竟有五年不曾相见了。

菜市场里的全球风云人物

□王子凯

世界上只有一种英雄主义，那就是看清生活的真相之后依然热爱生活。假若除了自己积极生活，甚至关心比自己更为不幸的人，那的确堪称伟大。

陈树菊终于决定退守了。这个身高1.39米的“凶女人”被苦难攻击了五十五个年头，在2018年2月倒在了自己的菜摊上。

病魔选择在盲肠下手，她开了刀，捡回一条命。

病床上，她将菜摊委托给弟弟陈洽明，陈洽明又将它交给自己的儿子经营。在宝岛台湾的台东中央市场数以千计的菜摊里，这个摊位销售的菜品并不算多，面积也不大。但在过去二十年的时间里，超过1000万新台币的款项被陈树菊捐到需要的人手上。

2010年3月，陈树菊和姚明、成龙等48人，一起登上了《福布斯》杂志“亚太慈善英雄人物”排行榜。同年5月，她被《时代》杂志评为“全球最具影响力百名人物”，列第八位，在她之后是众多为人熟知的名字：奥巴马、克林顿、乔布斯……

要让陈树菊记住这些人名，可比准确报出蔬菜的名称和价格困难多了。她对生活的多数见闻，自十三岁时从母亲手里接管过六口人的吃喝拉撒开始。随之而来的，还有母亲去世的噩耗和童年的终结。

因不能在短时间内凑齐5000新台币的手术保证金，陈树菊的母亲被医院拒绝进行剖腹产。贫穷最终将这个靠帮人洗衣养活子女的母亲挡在了生门之外，并告诉了她仍存活于世的亲人“有钱才能保命”的生存逻辑。当时陈树菊刚刚小学毕业，她和她的家庭已经没有任何和生活讨价还价的筹码。

陈树菊立誓要“拼命地赚钱”。每天凌晨4点，她跟着父亲去批发蔬菜，然后运到菜市场叫卖。

她个子太矮，至今都能穿小学校服，肩上斜挎包的束带已经被她收到了最短，但走起路来挎包仍旧会蹭到裤腿。中午，陈树菊会吃上她一天内唯一的一顿饭——清一色的酱油拌饭。

卖菜赚钱成了陈树菊抵御厄运的手段。陈树菊十九岁时，三弟因营养不良患病而亡。在自传里，陈树菊说当时感觉“生活像卡车一样撞向我”。三弟所在小学的师生们自发为他捐赠了部分治疗费用，陈树菊说“这在我心中播下了‘善’的种子”。后来，她向这所小学捐赠了500万新台币，用以设立助学金、修建图书馆等。

学校的老师第一次前来协商捐款事宜时，陈树菊向他伸出5根手指。对方一度认为陈树菊慷慨地捐出5万新台币，事实上他眼前的菜贩给出的金额要多出两个零。按照当时台东菜摊三包蔬菜50新台币的打折价格，陈树菊至少需要卖完30万包蔬菜。打包每份蔬菜大约需要花费两分钟，完成30万包则需要1万个小时。

父亲去世后，陈树菊以父亲的名义捐赠了100万新台币。这是父亲全部的积蓄，这位生前视财如命的父亲，在一次被骗经历后将它悉数交给了陈树菊。

“钱在不需要的人手里，只不过是一个数字而已。”至少相比于受捐人，陈树菊认为自己是属于“不需要钱”的人。在她和苦难的这场博弈中，自始至终，她都未将筹码放到自己的手里。

陈树菊一直认为她“无法对自己好”，也无数次将生活苦难的原因归结为自己的贫穷，这种心理在二弟因车祸身亡后更加强烈起来。“去世的家人们都那么可怜，自己却那么享受”，她自认为是一个活在忏悔里的人。

丧弟之痛后，她更加拼命地赚钱，将收摊时间从中午延迟至晚上。为了能在第二天凌晨一点强迫自己起床，她睡在家里的地板上，后来因为身体酸痛又改睡在长条凳上。以至于后来在友人劝说她去做中医针灸治疗的时候，医生震惊地说她体内的寒气吓死人，“针扎一下，咻咻地往外跑”。但陈树菊并不惧怕疾病带来的死亡威胁，生命的告别对她而言并非新鲜事。

“我经常梦到妈妈和弟弟，也并不苛求还能活多久，我已经尽最大的能力把一家人养活大了，这辈子也够了。”她在自传里这样说道。

苦难当然并不只会挑陈树菊一人下手，生活的悲欢离合在她的菜摊上也是相通的。有遭受诈骗的年轻人向她借钱充饥，也有痛失丈夫的妻子找她借钱治丧。陈树菊“不想让别人因为贫困而经历与自己相似的苦难”，对于见到或听到的悲惨遭遇，她选择施以援手。

在菜摊上遇到的一位美国人曾提出要免费帮助陈树菊治病。陈树菊并不敢相信顾客会向一个菜贩给予这样的帮助。深入了解后，她发现对方是一家儿童福利院的负责人，致力于帮助小儿麻痹症儿童，收容遭受家庭变故、缺少照顾的有身心障碍的小朋友。

接触以后，陈树菊决定帮助这些儿童。一天捐100新台币，就可以照顾3个小朋友。

陈树菊自己一天所有的开销连100新台币都不到。她强迫自己不去想，每天把钱放到小铁罐里，久而久之便成了一种习惯。

此后她又从朋友那里借了100万新台币捐给阿尼色弗儿童福利院，因为自己原有的100万新台币被菜市场的负责人卷走了。

2010年，《时代》杂志公布“全球最具影响力百名人物”榜单后，陈树菊因为“自己走了无人照看菜摊”而拒绝领奖。后来在家人和旁人的劝促下，她终于决定前往纽约领奖。出行之前，她特意在台东买了一件莲藕色外套，配了自己的廉价牛仔裤和白色球鞋。

走红毯时，她因为脊椎侧弯、静脉曲张、蜂窝性组织炎等毛病，走起来一瘸一拐。前一天晚上，她依旧睡到了酒店地板上，次日还让人带着去附近的菜市场转了一圈。

才与识

□叶春雷

人生应该有灵动性。这种灵动性，恰如道家欣赏的水，能随物宛转，与世推移，自然就无往而不胜。有才的人加上有识，那就如虎添翼，人生自然是另一番恢宏的景象。

《魏氏春秋》中，记载了关于嵇康的一则逸事：“初，康采药于汲郡共北山中，见隐者孙登。康欲与之言，登默然不对。逾时将去，康曰：‘先生竟无言乎？’登乃曰：‘子才多识寡，难乎免于今之世。’”

孙登不幸言中，嵇康后因吕安之事被诛杀，他的好友向秀曾写《思旧赋》来追思他，文笔凄怆，读之令人泫然涕下。《晋书·嵇康传》换了一个角度，记载孙登对嵇康的评价，是“性烈而才隽”，所以不能免于灾难。这眼光是非常毒辣的。嵇康的例子，告诉我们一个道理：“才多识寡”，即使没有性命之虞，也可能使人一生中经常碰壁。

那么，才与识，有什么区别呢？“才”，顾名思义，指一个人的天分禀赋。孟子说，“得天下之英才而教之，不亦乐乎”，“英才”的“才”，就是这个意思。孟子认为人天生就有“良知良能”，这天生的“良知良能”，也应归结到“才”上来。而“识”，应该是指一个人对其身处的自然与社会环境的清晰认识，明白自己的位置，知道自己的言行举止如何表现才是适当的。所以这个“识”，有时可以用它的谐音字“时”来解释，一个人能顺时而动，精准作为，触处无碍，那就是有“大识”。

厘清了“才”与“识”之间的差异后，我们就能明白，一个人自然应该有才，但是，有才的人不一定能取得大的成绩，甚至有可能将自己的才华白白断送，嵇康就是很典型的一个例子。为何会断送才华？因为无识或者说寡识。我们把嵇康和阮籍对比一下就会发现，同是有才的人，嵇康遭遇横死，阮籍却能善终，其中的差别应该就是，嵇康识寡，而阮籍识多。

我们知道，嵇康的好友山涛做官后不忘旧情，想推荐嵇康出来做官，嵇康不领情也就算了，居然还写了封《与山巨源绝交书》，公开与山涛断交。这就很不给老朋友面子，弄得彼此都非常尴尬。但我个人觉得，山涛还是有胸怀的，他不计前嫌，在嵇康被杀后又推荐嵇康的儿子嵇绍出来做官，在嵇绍有所顾虑时他还打消了嵇绍的顾虑，大意是父亲的过不必让儿子背上包袱。我们感觉，山涛还是够朋友的，只是嵇康太过了点。孙登说嵇康“性烈”，真的是没有说错。

再有，嵇康对司马氏集团统治的血腥程度估计不足，因此放言无忌，“非汤武而薄周孔”，明显与“以孝治天下”的司马集团唱反调，遭到这个集团的嫉恨乃至仇杀，也就在情理之中了。

反观阮籍，当时司马集团想拉拢他，听说他有一个女儿，就派人说亲，据说阮籍一连大醉六十日，硬是把这件事拖过去了。这就看出阮籍的“识”：既捍卫了自己的尊严，又不得罪权贵。阮籍还有一个特点，就是“口不臧否人物”。这个特点真是了得。在那个动辄得咎的时代，他能守住自己的口，自然就能保全自己的身家性命。这不能被简单地看作是懦弱，有时，它也是“识”或者智慧的象征。毕竟，拿鸡蛋碰石头，得不偿失。

关于“识”，其实儒道两家，都有很重要的论述，这些论述也非常有启迪性。譬如孟子就说：“达则兼济天下，穷则独善其身。”这就是“大识”。一个人能顺应社会的变化，不固执己见，到什么山上唱什么歌，不是“大识”是什么？庄子也说：“当时命而大行乎天下，则反一无迹；不当时命而大穷乎天下，则深根宁极而待。”这就是“合则留，不合则去”的意思，说明人生应该有灵动性。这种灵动性，恰如道家欣赏的水，能随物宛转，与世推移，自然就无往而不胜。

当代社会，千帆竞发，人有才，是大有用武之地的。但要想有用武之地，不光要有才，还得有识。这个“识”，包括两方面，一是要有人欣赏你，二是你要融入这个社会。这两者缺一不可。若是恃才傲物，可能很少有人欣赏你，即使欣赏你，你也可能很难融入这个社会。这样的话，你的才华很可能就没有施展的舞台了。

就这个意义而言，道家追求在做人做事上要谦卑，也就很有现实意义了。老子说：“自矜者不长。”才高的人很容易自矜，所以老子警告这些才高的人，不要自夸。为了避免嵇康这样的悲剧重演，我们必须注意弥补“才高识寡”的缺陷，做到才识并举，一样都不弱。有才的人加上有识，那就如虎添翼，人生自然是另一番恢宏的景象。

学着和难搞的人“共处一室”

□［日］内田雅章　译／赵　萍

这个世界上不存在只有缺点或只有优点的人，两个人话不投机，多半是因为不够了解，只要多多接触、不断试探，一定会有所得。

生活中总有那么几个人，不管我们怎么转变话题，怎么努力制造气氛，都难以和他们产生共鸣。尤其是那些把自己包裹得严严实实的人，想要搞定他们，简直比登天还难。面对这样的人，我最常用的方式是邀请对方和自己共同做一件比较轻松的事，创造只有我们两个人的环境。

比如，如果我还没弄清楚对方的爱好，就会邀请其一起吃个便饭。诚然，和自己没有共同语言的人相对而坐是一种巨大的压力，但这也是在制造机会。有人可能会约对方喝个下午茶什么的，但其实那样做往往适得其反。喝下午茶是一种休闲和放松，主要过程就是聊天，而面对一个你不擅长交往的人，一个小时的下午茶时间会异常难挨。

而在饭桌上，几乎任何一个动作、任何一样物品都能成为临时话题。这种看似漫不经心的询问、感慨，甚至自言自语，都能使对方放松警惕。出于礼貌，对方也会适时做出一些回应。所以，吃饭能有效地消耗时间，从而使约会圆满结束。

古语说：“知己知彼，百战不殆。”和难搞的人交往，就像是温水煮青蛙。如果我们的目的性过于明显，做法过于生硬，很有可能让对方生出更重的防卫之心，那么接下来，不管我们用什么方法去跟对方沟通，都不会有太好的结果。但是，一顿家常便饭可以让对方放下警惕，从而透露出更多信息，借着这些不经意的小细节，打开局面将不是难题。

当然，如果我们能够了解到对方的爱好，事情会更顺利。

大学时代，我有一个同学是典型的“冷冰块”，而我们又在同一个社团，经常需要一起组织活动。我不止一次想跟他亲近，甚至把亲戚从国外带来的点心送给他，他似乎都无动于衷，每次见面还是不冷不热的，弄得我颇为尴尬和沮丧。后来我从一位前辈口中得知，那位同学很爱看球。我感觉眼前一亮，就像在黑暗的隧道里走了很久，终于看到一个缺口，漏出一点亮光。

那天社团活动结束后，我便邀请他一起吃午饭，他没有拒绝。然后，我顺便提出："我买了一台二手电视机，下午去我家看球赛吧，直播的，这场对决应该会很激烈。"他先是很诧异，接着默默点头了。他还是一贯的少言寡语，但看到精彩的地方，神情变得激动起来。

我们看了一下午的球赛，后来又吃了几顿饭，才渐渐熟起来。再后来，我发现他其实也有属于自己的幽默，只是非常慢热而已。

我常听很多年轻人抱怨"他真的很顽固，就像石头一样""怎么会有那种人"。

实际上，这个世界上不存在只有缺点或只有优点的人，当我们关注对方的缺点多一些，就会讨厌他；关注对方的优点多一些，就会喜欢他。进入社会后，我们难免会遇到一些很重要但很难搞的人，和他们交往很容易产生抵触情绪，乃至沮丧放弃。这种做法当然是不可取的。两个人话不投机，多半是因为互相不够了解，只要多多接触、不断试探，一定会有所得。

征服世界要靠“吼”

□吴晓波

即便很有价值的事物，也需要有力的推广，更需要在市场上的准确定位，否则再好的东西，也可能隐藏在很深的巷子里。

大家都知道中国是茶的故乡，但你知道世界上喝茶最多的是哪个国家的人吗？是土耳其，他们每人年均喝掉1250杯。中国的茶产量和购买量虽然都是最多的，但人均排不进世界前20。

如今在世界许多城市的高消费场所，都能发现TWG Tea的身影，它被称为“茶中的爱马仕”。不要看它包装上写了硕大的“1837”，其实这一品牌是2008年在毫无茶文化底蕴的新加坡创立的，创始人是一个摩洛哥人和一个美国人。但这并不妨碍它迅速占领各国茶叶的高端市场，在富豪圈子里流行开来。因为它除了茶叶好，推广套路更好。短短几年时间，TWG Tea就成了茶叶界的顶级名牌。可见，对茶叶的品牌来说，饮茶传统、历史积淀都不是关键，好的产品和推广才是。

在古代，中国人显然并不关心“蛮夷”们怎么喝茶，更遑论推广。到了全球化的时代，这一点也没太大好转：我们的茶产量是世界第一，却没有权威的评判标准供大众参考；我们拥有悠久的饮茶历史，却缺少能够行销全球的强势品牌；有些茶饮料甚至会以外国地名来佐证自己的品质优良；我们拥有巨大的市场，但茶叶价格混乱，产业粗糙，缺乏推广。正如TWG Tea创始人的评价：中国是茶的祖宗，但我发现中国很多茶屋，却流露出和时尚产业完全无关的气氛。

畅销书作家格拉德威尔曾在他的著作《引爆点》中，对产品的流行法则进行了到位的总结：个别人物法则、附着力因素法则和环境威力法则。回顾茶的传播史，我们会发现，这些基本法则贯穿始终。

最初，流行浪潮往往发端于一些特别的人物，他们通过自己的社交影响力，把对产品的热情传染给大家。

1587年，丰臣秀吉引领了一股遍及日本的饮茶风潮。这位天下霸主在首都举行了十天的大茶会：没有茶，拿米粉糊代替也能参加；没有茶室，用草席铺在地上也可以。更绝的是，无论何种身份，都可以喝到秀吉本人亲自点的茶——只要你能排上队。

但光有优秀的代言人也不够，产品还需要附着一些更简单、更有感染力的信息，才能更轻松地进入人们的记忆。

1662年，在英国的宫廷酒会上，来自葡萄牙的凯萨琳王后却喝着产自东方的茶，端庄稳重的形象赚足了贵妇们的眼球。接着，极富商业头脑的英王查理二世便将茶叶关税定为119%。高价并没吓住贵族们，反倒进一步刺激了他们对茶的追求。慢慢地，茶就附着了“贵族选择”这一信息，因而在关税降低后，迅速在平民中流行起来。

最后，流行还会在特定的环境下被持续引爆，因为人们对自己周围环境的敏感程度，远比他们所表现的更为强烈。茶在日本和英国，都找到了最适合它的社交环境，一个人可能本身不爱喝茶，但当他来到精致的茶会现场时，则很难拒绝喝上一杯。最终，英国输出了下午茶习惯，日本则留下了茶道。

其实，我们的祖先也曾实践过这套流程：我们有过引领风尚的大茶人，也为茶赋予了很多的精神内涵，更创造了丰富的饮茶礼仪和社交场景。只是受困于时代和开放性，才错失了影响世界的机会。

锦鲤是门统计学

□毛球君

你的存在不可能依靠任何人加持。比起花时间研究中奖、爆红，或许更需要想想，怎么才能将那些依靠努力挣来的好运和幸福，平均地分摊到我们每日的生活中。

“躺着红”的杨超越和支付宝大奖得主“信小呆”爆红，朋友圈的“锦鲤转发”也多了起来。

“锦鲤”是什么？它是互联网文化里好运的象征，人们纷纷转发这两个人的头像，以求自己也和她们同样幸运。因此互联网公司、公众号等用锦鲤作为噱头，邀请网友转发的中奖活动也多了。在此之外，也有一群特讨厌转发锦鲤行为的人，他们甚至把杨超越、锦鲤和信小呆设成微博关键词屏蔽。

排斥好运是不是傻？别急，畅销书《钝感力》告诉我们，为人迟钝点有时候能帮大忙。只要你在头脑一热的时候停下来问问自己：我为什么要转发？这事儿就禁不起琢磨。

首先，手速快、朋友圈人多，对中奖并没有什么用。此类中奖活动以锦鲤为话题吸引人们转发，利用的是大家沾喜气的心理。转的人越多，人口基数越大，这样当分母的机会就越大。多到一定程度可就无限接近于零了。所以大概率事件是：你什么也没得到，浪费了自己的注意力，等于浪费了钱；小概率事件是：你中奖了，能买车买房，游遍世界……

既然浪费时间，我们为什么还要转发？其实是丰厚的奖品掩盖了中奖概率很小的事实。为极小概率事件的出现花费时间和关注度，是人类思维的盲区，也是互联网公司注意力经济的支撑点。拿自己的肉身给别人捐流量，简直是在做公益了。

有人会问，杨超越长得好看还这么幸运，我沾点光有什么不对？是的，杨超越有天赋美貌，才艺匮乏还能上选秀节目爆红，真的并非单靠运气，是锲而不舍的奋斗得来的。她家境清苦，为了每月有工资才加入女团，想多挣点钱还得承受辛酸。杨超越实际上很拼，锦鲤只是人设，绝对不是“躺赢”。

创造锦鲤游戏的互联网公司比锦鲤本身更有意思。他们乐此不疲地玩这个游戏，连杨超越本人都不是主角，资本才是，就像喜剧电影《西虹市首富》里的情节一样，拿10亿砸一个人都能越砸越多，创造一个个“杨超越”“信小呆”引来流量，让你相信真有“不劳而获”的运气，成本都不需要10亿——几乎是空手套白狼的事儿。

我总觉得，如果没有杨超越的美貌和“爸爸们”的万贯家财，还是先记得脖子上边有颗脑袋，没事多学本事为好。这是我们作为人类成员，区别于其他动物的最大优势。一个现成的例子是，《中国好声音》里的理工科博士宿涵一路过关斩将，被偶像周杰伦收入麾下，还唱进了鸟巢。嗓子好确实是天生的，但是能编曲和写词，恐怕不是娘胎里带出来、资本砸出来的吧？

年轻人转发锦鲤图个乐，情有可原，但或许总有一天大家会明白：你的存在不可能依靠任何人加持。比起花时间研究中奖、爆红，或许更需要想想，怎么才能将那些依靠努力挣来的好运和幸福，运用自己的能力，平均地分摊到我们每日的生活中。

斯特朗的地毯鞋

□毕淑敏

人生的磨难是如此之多，所以我们不能对每一件伤害都过度敏感和脆弱。在生活磨难面前，精神上的坚强和无动于衷有时无疑是我们抵抗意外的最好武器。

满头华发，白且有耀眼的光芒！

这是一家老年人活动站。在新奥尔良。一栋简陋的楼房，早先是非洲裔的旅馆。进得门来，看到的都是白发苍苍的头颅，不论头发下的面孔是何种颜色，头发统是白而暗的。人的头发真是很奇怪，不管它们年轻的时候是黑的、棕的、黄的……到了尾声，一律都会变白。我问好友安妮，白色的头发老了，会是怎样？安妮说，它们依旧是白色，但无光泽。看来，亮度比颜色更说明一个生命的状况。

有一棵树——一棵假树，工艺树，做得很逼真，赭的树干，绿的枝条。大约有一人高，摆在活动站很显眼的地方，树上挂着很多树叶，当然也都是人造的。每片树叶上写着一些字，或者是一幅小画。比如一片蜡烛形的叶子上写着：记住我有一只大鼻子的、快乐的、镶满皱纹的脸……然后是抖动的签名。

我问活动站的站长古薇尔女士，这是什么？

她说，这是曾经在这里活动，现在已经去世的老人，从天堂写给大家的信。

我的头皮轰的一声。死人是不能写信的，这是常识。我一边听着她的介绍，一边锲而不舍地惦念着那棵有着奇异叶子的树。

古薇尔女士终于讲到了这棵树："噢，是老人们共同栽下了这棵树。每一位老人都知道自己死后会在这棵树上有一个位置，用以悬挂自己的树叶。他们会在生前就写下这片叶子，然后保存在自己的亲人那里，如果他们没有亲人了，那就保存在活动站里。当他们去世之后，他的家人就会把叶子送来，挂在这里，永远地。大家常常来看这些叶子，念上面的话，有很温暖的蒸汽，从这些叶子上蒸发出来，进入我们的眼睛……”

古薇尔女士这样说着，我看到她的眼睛湿润起来。哦，我错了，古薇尔女士久经生死，在说这些话的时候，神采飞扬，很为自己发明了这棵沟通生死的树而骄傲。水汽不是进入了她的眼睛，是进入了我的眼睛。

与楼下的喧闹相比，楼上是静谧和安详的，有几位老人在绣花和织毛线，古老的女红的气息从风烛残年的鼻孔呼出，让人走路和说话都变得叹息般轻。

旁边有一个小小的橱柜，陈列着老人们的工艺品。一套极其美丽的婴儿装，雪白的翻卷的绒毛，精美的图案让人爱不释手。我很想买下，但偷偷觑见标价，要50美元，囊中羞涩，不敢问津。但我决定斟酌力量，一定买下一件老人们的作品。不单是留作纪念，也为了尽点绵力。

一双黄色和蓝色毛线织成的地毯鞋。大而柔软，蓬松得如同两只小哈巴狗。虽然我家并没有地毯，我还是决定把它们买下来。然后我对古薇尔女士说，我能和“鞋匠”照一张相吗？

古薇尔就拉着我向一位老人走去。

她身材瘦小，坐在轮椅中，在身体和轮椅的空隙中，夹着两团大大的毛绒球。她的手指干枯如藤，但依然很有力地操纵着两根毛衣针上下翻动。在她的身边，摆着刚完成的一只地毯鞋，红黄相间，鲜艳如枫。

“她叫斯特朗。今年八十六岁了，她患糖尿病很多年了，两条腿都截过了，眼睛近乎失明……”古薇尔介绍说。

我这才注意到斯特朗老奶奶轮椅下的“腿”，白色的套鞋中，是冰冷的金属，风在她的腿间毫无障碍地吹过。

斯特朗老奶奶笑着说，很高兴从中国来的客人喜欢她的地毯鞋。她说，那套美丽的婴儿装也是她织的，只是现今年龄大了，有些力不从心，就专门织地毯鞋了。

我抚摸着一位没有脚的老人织出的精美的地毯鞋，心中充满痛彻的谢意。她把自己对脚的期待织进了鞋里。

一条斩杀令里的人性

□余显斌

人的本性往往是一样的，但教育和约束却使它们的表现形式不尽相同。因此，我们必须隔着各种外衣对它们加以认识，并动用智慧去驾驭它们。

赵匡胤想要灭南唐，可是，他心里很怵，不是怵打不下南唐，而是怕打下之后，将军们面对繁华和金钱，会出现打砸抢的混乱局面。

这个局面，不久前就出现过。当时，赵匡胤手下大将王全斌打下蜀地后，带着士兵开始疯狂抢劫金银和豪宅。因此蜀地大乱。

这样的事，赵匡胤不想再次发生。

这一次，赵匡胤将眼光瞅向了曹彬。曹彬为人正直，很是清廉，而且富于智慧和谋略。他决定，任用曹彬为讨伐南唐的主将。

那天下朝后，赵匡胤举行宴会，特意宴请南征诸将。几杯酒后，他眼光一冷，拿出一道圣旨，让曹彬接旨。

赵匡胤告诉曹彬，此去南唐，一定要端正军纪，对那片青花瓷一般的山水，还有山水间的百姓，必须做到秋毫无犯。然后，他咳嗽一声，提高声音："朕赐你一道圣旨，如果有将军敢违反军规，打开圣旨宣读规定后，副统帅以下，皆可先斩后奏。"

副统帅潘美——赵匡胤的老战友，听了这话，吓得一口酒呛住，满脸通红。潘美之下，所有将军听了，更是鼻尖冒汗。

第二天，讨伐南唐的军队出发了，一路上鼙鼓声声，金戈映日。宋军进攻势头很猛，南唐的城池，在他们面前纷纷垮塌。江南，是花花世界，鸳鸯蝴蝶。面对着攻下后的城池，还有城里的金银、丝绸、豪宅，一些将军心里直抖。

曹彬看到这种情形，呵呵一笑，拿出那道圣旨。那些心动的大将一看，腿肚子直转筋。要命还是要钱，对他们来说，这个选择并不难做。

由于军纪严明，以及沿途抵挡很少。不久，宋军就包围了南唐首都金陵。可是，曹彬命令只围不打。宋军和南唐军队，就这样在城下城上相互对望着。到了后来，攻城的将军们都等不及了，这到嘴的肥肉，看得见吃不到，特别难受。

这时，曹彬病倒了。

潘美等人急了，这时候统帅病倒，可如何了得。他们跑进曹彬的营房，问他得的什么病。曹彬说自己很担心，害怕将军们攻下金陵，不守军纪，纵兵大掠，杀戮百姓。将军们心想，我们是想那么干，可怎么敢啊，你不是还有圣旨吗？

曹彬仍不放心，说我们还是集体焚香发誓吧。于是，将军们在曹彬的带领下，集体发誓，如果破坏军纪，胡作非为，按照圣旨所言，立斩无赦。此时，宋军憋着一口气，万众一心，不长时间，六朝古都，城门大开。

副统帅潘美和大将曹翰，大声命令士兵，拿了绳子，捆了南唐皇帝。这当然是违背规定的。对于投降的帝王，赵匡胤一直都是优待的。不过，现在在朝廷之外，将军们奉行“将在外，君命有所不受”的古训。这时，曹彬再次咳嗽一声，拿出那道圣旨。潘美和曹翰一见，舌头打结，退了下去。

征讨南唐出奇地顺利。战事结束后，曹彬带着一帮大胜的将军，回到汴梁。赵匡胤满脸放光，再次举行宴会，宴请南征诸将。宴会上，他要回那道圣旨，当众打开。诸将一看，目瞪口呆，那道斩杀令上，竟然空空如也，没有一个字。

原来，这是赵匡胤和曹彬合演的一出双簧。一帝一将，将律法和人性很好地结合起来，为南征取胜奠定了基础。

日本的“收纳”礼仪

□徐静波

通过恰如其分的普通的礼节与尊重，表明你对他人的尊敬、重视与善意。这是一种很高的境界，能做到这种境地，而又不被别人疑心你伪善，实在是很高的智慧。

在日本，开完会后，将椅子推回原位，是一个基本的常识，或者说是作为公务人员和商务人士的基本素养。当然，日本人出于礼仪，绝对不会提示别国人该怎么做。但是，如果你在起身后，把椅子推回到原位的话，他会觉得，你是一个很有教养的人。反之，日本人心里会嘀咕半天。

虽然这只是一个小小的细节，但是对于日本人来说，这个细节似乎十分重要。

如果你坐过飞机的话，不知有没有注意到一个细节：在飞机上用餐时，如果是日本航空公司的客机，或者全日空航空公司的客机，在送餐时，空姐一定会把各种餐盒摆放得整整齐齐，然后双手递给你，用一只手递送餐盒的情况，是绝不会出现的。因为日本空姐在将餐饮递给客人的时候，她想到的是“这是粒粒皆辛苦的食物”，所以必须以敬畏之心，用双手递给乘客，请乘客享用。

日本人在用餐之前都习惯于合起手掌，有的还会认真地闭上眼睛，低下头说一句话后才开始动筷子。这句话在动漫片中往往被翻译成“我要开动了”。这个翻译其实是不对的，在日语的语境中，这句话所表达的意思，是“感谢神赐予我食物”，表示对于食物的敬畏与感恩之心。

那么，当乘客们在飞机上用餐完毕，你如果细心留意一下的话，会发现一个有趣的现象：日本乘客会把盘子里的大小盒子整理一遍，小盒子叠在一起；或者再把饭盒的锡纸铺平，重新盖在饭盒上；或者把餐巾纸叠成方块，盖在用过的餐盒上，然后整整齐齐地递给空姐收走。

这两天，我陪几位日本的酒店管理专家在外地考察，跟他们聊起这个细节，他们说，这主要是教育的问题。这种教育来自于两个方面，一个方面是家庭，另一个方面是学校。

日本父母对于孩子的吃饭用餐习惯，说得最多的一句注意的话，就是“要吃得干净漂亮”。

日本是一个岛国，鱼是日本人吃得最多的食物。日本父母要求孩子在吃鱼时，不仅要吃得干干净净，而且吃完之后，还要求保持鱼的骨架不走形，也就是所谓的“干净漂亮”。对于一个孩子来说，这是一个挑战，但是必须这么做，因为只有做到“干净漂亮”，才能对得起这一条奉献了生命的鱼。而吃完之后，孩子必须自己将饭碗和盘子拿到厨房的洗碗池里放好，甚至有的家庭要求孩子必须自己把碗洗好。

而在学校里，日本从幼儿园开始到初中，都实行学校午餐供应制度。午餐也是一个套餐，有各种各样的小盘子。孩子们从小接受这样的教育：吃饭前要说一句“食物不能剩下，必须吃完”。除非身体不好，事先向老师说明。

吃完之后，所有的饭盒和菜碟子都必须回归原位，原来是怎样的，最后也必须怎样。然后自己端到洗碗池里把它们洗干净后，再根据要求分别放到不同的地方。

正因为日本人从小养成了这样的习惯，他们不仅对于食物会产生一种本能的敬畏感，同时，对于自己使用过的碗和盘子，吃过的食物，一定会整理收拾干净。这种习惯也表现在飞机上用餐后，他们会很自然地把自己吃过的盘子整理干净。日本人把这一习惯，称之为“收纳”。

在日本的肯德基餐厅，客人吃完东西后，都是自己把吃过的东西和杯子等端到垃圾箱前，根据可燃垃圾和不可燃垃圾的分类，放入不同的垃圾箱里。而服务员最多抹一下桌子就可以安排新客人入座。

所以，这种“收纳”文化，使得日本人习惯于把自己吃过用过的东西归位到指定的地方，留下方便给服务员和后来的客人。

我们回到文章开头时说过的椅子的问题。日本人认为，你离开时，把椅子推回到桌子前面，恢复它原来的样子，这样的话，会使得会议室在瞬间就变得十分整洁，不用麻烦别人帮你打扫会议室，同时也给后续的使用者提供一种便利。所以，日本人看别人，就看你能不能做到这一个细节。

前几天，我在上海跟上海杂技团的几位艺术家一起吃饭聊天。这些艺术家从20世纪90年代开始就到日本演出，他们给我讲了一个细节，就是他们在日本各城市巡回演出时，往往是一天换一个城市。让他们感动的是，不管演出多晚，日本的演艺公司总是连夜拆台，然后连夜运到下一个城市去。到了下一个城市，你会发现，在前一个城市的舞台上，演出的道具放在哪个位置，到了这个城市的剧场，也一定是放在那个位置，绝对不会错放。对于演员来说，他们赶到一个陌生的新舞台，不必去寻找自己的道具，也不必去重新规划舞台的布局，上一场怎么演，下一场也就怎么演，因为日本的演艺公司已经把整套演出做成了一种固定的模式，让演员们始终能够在一种熟悉的、习惯了的环境里进行表演。而日本演艺公司之所以能够做到这一点，就是坚持了那种“收纳”文化，这种文化，使得一切变得严谨有序，保证了演出不会出现乱象。

所以，从一个饭盒到一把椅子，虽然只是两个小小的细节，但是，它却表现出日本社会的一种秩序与素养，一种不给别人添麻烦的自律。所以，大家以后去日本的时候，无论是去日本企业访问，还是在餐厅用餐，一定请记住，当你起身离开时，最好把椅子轻轻地推回到桌子边，让它归位到原处，因为这是一种基本的礼仪。

“英雄们”是如何面对压力的

□二公子

所谓英雄，不正是面对强敌的时候，以更强的姿态，从过往的错误中吸取教训，顶着压力，带领团队走向新的胜利吗？

间谍片、警匪片或者悬疑片，最常见的设计，就是策划一切暗黑勾当的大反派，拿着枪或者炸弹劫持了人质，逼迫英雄就范。虽然我没见过正式统计，但是这一剧情出现频次之高，相信不会少于爱情片里男女主角之间为推动情节发展而屡屡出现的误解。

每当电影里正反派对峙，观众就知道高潮要来了。因为这个场景在类型片中出现过太多次，导演和编剧一定绞尽脑汁想出一种新的解决方式让人觉得眼前一亮。电影收尾若是似曾相识，就犹如中秋乌云蔽月、钱塘江无水回潮一般索然无味。

面对强敌，顶着压力解救家人或者拯救世界这事，风度翩翩的英国间谍“007”很拿手，专门完成不可能任务的阿汤哥每几年就来一次。在白鸽飞舞中左右手双枪齐发的小马哥、除暴安良和爱情总是不能兼顾的香港警察陈家驹，还有卧底多年已经混成半个反面人物的无间道者陈永仁也都遇到过。

翻遍家里百十张光盘后，我以偏概全地把银幕英雄们解决危机的方式分为了下面几种。

最为常见的是正派假装就范，在反派以为得逞喋喋不休而注意力分散的时候，英雄用隐藏的枪，或者电线、打火机、螺丝刀等不起眼的武器，完成绝地反击。

第二种情况，则靠人质的悟性。人虽然被劫持，但和正方主角有默契是关键所在。眼神在电光石火中交换，英雄已经明白人质准备袭击悍匪。接下来就是人质巧妙逃脱，机警的主人公冲上去制服强敌，等警车从远处飞驰而至，最终皆大欢喜。

还有一种情况，就是恶人故作聪明，而我们的英雄早就成竹在胸安排好了一切。当反派凶神恶煞地按下按钮准备干掉人质或者整个世界的时候，却发现他的武器已经哑火或程序失灵，反而自戕。

当然，也有主人公和大魔头双双倒地，留下人质一人撕心裂肺痛哭流涕的时候。但别急，英雄是在使诈，因为他带了爱人给他的怀表、硬币或者防弹背心，挡住了子弹之余，还能在对手没死做最后反扑的时候，补上一枪。

英雄们是如何做到这些的呢？拥有超强的身体和训练有素的技能是不够的。他们个个内心强大，是处理压力的能手，犹如凯利·麦格尼格尔在《和压力做朋友》里写的应对压力的步骤：英雄首先接受了压力事件和发生的事实；接着谋划策略处理压力源——分析敌人的弱点；搜集信息、寻求帮助或建议——利用人质或者环境为帮助；最后征服、消除或者改变压力源——用计策身体力行地解除危机。他们是以积极的方式看待压力、解决压力的典范。如果以消极的方式看待压力，比如逃避、一走了之，英雄们万万做不到，买票观众也不肯答应的。

很多英雄，比如《洛杉矶之战》里的排长，也曾因为决策失误导致战友身亡。但他没有惧怕压力，而是在面对新强敌的时候，以更强的姿态，从自己过往的错误中吸取教训，带领团队走向胜利，他是我们应对压力的楷模。

经济学大师的天才思想

□老　九

人们往往把任性也叫作自由，但任性只是非理性的自由，人性的选择和自觉很多时候并非出于理性，而是出于偶然的动机。对此我们不能不警醒。

2018年的诺贝尔经济学奖颁给了威廉·诺德豪斯和保罗·罗默。

瑞典皇家科学院在颁奖词中写道：“他们的发现极大地拓宽了经济分析的范围，通过构建模型来解释市场经济如何与自然和知识交互。今年的经济学获奖者没有一个结论性的答案，但是他们的发现让我们距离回答这个问题近了很多，这个问题就是我们如何实现可持续的经济增长。”

2018年是金融危机爆发十周年，经济学上有一个流传甚广的说法，就是每隔十年都会发生一次大的经济危机，2018年看上去也确实像一个危机之年。美国以贸易战争为手段，在全球范围内掀起反全球化浪潮，而新兴市场在贸易战打压和美元升值的压力下，很多国家都出现了不同程度的混乱。2018年的诺贝尔经济学奖颁给两位以研究经济增长见长的学者，似乎也寄托了人们对当前灰暗时刻的希望。

不过，这些获得诺贝尔奖的经济学大师，他们的思想真的可以改变这个世界吗？

2017年的理查德·塞勒、2002年的丹尼尔·卡恩曼，都是因为行为经济学的研究而获奖。行为经济学中有一个很著名的概念叫作沉没成本，指的是已经发生且无法回收的成本。在行为经济学家看来，人们在对未来的行为做决策时，完全不应该受到沉没成本的影响。不过在现实生活中，人们基本上都持相反的想法。

假如你买了一张电影票，打算周末去看，不巧的是周末来了一场重度雾霾，你还会不会去电影院？大概很多人会这样想，都已经花钱买好票了，还是去吧，于是一头扎进雾霾之中。如果这张电影票是别人送的，你又会怎样做决定呢？也许很多人会想，算了吧，别去了，电影票浪费就浪费了，反正不是自己花钱买的。

要不要去电影院，理性的判断依据应该是，电影带给你的快乐和雾霾带给你的伤害，哪一个更大些。如果你预期从电影中得到的快乐大于雾霾带来的伤害，你就应该去电影院，反之，就待在家里。至于电影票是自己买的还是别人送的，与此无关。

沉没成本的概念在股市上同样成立。比如你买入一只股票，结果被套牢了，大部分人的反应就是，我不应该卖出这只股票，否则我就亏钱了。但是要不要卖出这只股票，取决于你对这只股票未来的判断：如果你预期它会上涨，那就应该持有；如果你预期它会继续下跌，那就应该卖出。这和你当初买入这只股票的价格并无关系。

行为经济学还有一个说法叫心理账户，如果你买彩票中了1万块钱，和你工作挣了1万块钱，人们通常会将这两笔钱放在不同的心理账户里。彩票得来的钱可以很轻易地被挥霍，而工作挣的钱则花得比较谨慎。但从理性的角度来看，无论是买彩票得来的钱还是工资，都已经成为自己资产的一部分，不应该有任何分别。

你去商场买东西，如果买一件100元的东西，讨价还价砍去了30元，你会觉得很有成就感，因为省了30%。如果你买一件1万块钱的东西，讨价还价砍去了500元，你会觉得很不爽，因为只省了5%。但事实上，到底哪一笔交易让你省了更多的钱呢，当然是第二笔。但这种比例上的差异，也会在心理上误导很多人，让人认为第二笔交易的500元根本不值得去争取。

2013年的诺贝尔经济学奖得主是尤金·法玛，他的著名理论是资本市场定价的有效性。他认为资本市场上的所有信息都会迅速反映在股价上，投资者不可能获得超出市场平均水平的超额收益。换言之，如果让黑猩猩对着报纸上的股票版投飞镖，选出来的股票不会比基金经理差。

从历史上来看，除了极少数天才投资者，比如巴菲特们以及一些内幕交易者，绝大多数普通交易者的确很难跑赢市场指数。虽然尤金·法玛的有效性假说理论很早就被资本市场所熟知，但现实中很少有人将这个理论当真。每个人都认为自己是股神，但最终都避免不了被“割韭菜”的命运。

2016年，哈特和霍姆斯特朗姆因为契约理论获奖，他们都是博弈论的代表人物。博弈论的经典论述就是囚徒困境。将两个囚徒分别关在不同的房间，二人可以沉默或者供出对方。如果二人都选择自身利益最大化，也就是供出对方，二人都会受到较重的惩罚；如果二人同时以对方利益最大化出发，也就是选择沉默，二人最终受到的处罚将会较轻。

那么，经济学家们的天才思想为什么在现实当中行不通呢？这或许需要另外两位诺贝尔经济学奖得主来回答，即2001年的得主乔治·阿克尔洛夫和2013年的得主罗伯特·希勒，大概在十年前，二人联手出过一本书叫作《动物精神》。传统经济学都认为，人是理性动物，在经济世界里会做出最理性的选择，但在阿克尔洛夫和希勒看来却恰恰相反。人都是非理性的，只有用动物精神才可以解释人类经济行为的很多反常现象。

一个客观事实是，虽然经济学已经逐渐成为当今的显学，但是经济学家的影响力其实并没有人们想象的那么大。无论是理性人还是动物人，无论是个人还是政府，可能更多的都只是将诺奖学者的思想当作理论，而很少付诸实践。真正为我们这个世界带来巨大影响的只有两位没有获得过诺奖的经济学家，一位是亚当·斯密，他的“看不见的手”成为西方经济两百多年的精髓。另外一位是凯恩斯，他的“看得见的手”在中国市场依然影响深远。

传奇背后的传奇

□胡文利

很多时候，所谓传奇不过是努力的代名词罢了。你想成为某一方面的高手，就必须付出更多努力。

1

在摄影圈，史蒂夫·麦柯里是注定要被载入史册的。他拍摄过无数见证重大历史时刻的照片：阿富汗战争、海湾战争、柏林墙倒塌、9·11事件……作为历史证物，他的作品具有极高的新闻价值和影响力，他本人则是“传奇背后的传奇”。

麦柯里最广为人知的代表作，是他1985年拍摄的《阿富汗女孩》。这是摄影史上最令人难忘的脸庞之一：一名头戴红色围巾的女孩直视镜头。她脸颊肮脏、嘴唇干裂，蓝绿色的眼眸藏着摄人心魄的力量。她像一只受惊的小鹿，眼中的火焰却能灼伤观众的视线。恐惧和愤怒交织在一起，点燃了这张本该纯真的脸。从她眼中，人们仿佛能窥见这片战火纷飞的土地上的无数悲剧。

时隔多年，麦柯里依然清楚地记得当时的情景。

“那天我在难民营。去吃午饭的路上，我听到帐篷里传来声音，那是一所女子学校。我走进帐篷，发现角落里坐着个小姑娘，她有一双与众不同的眼睛。光线很完美，背景很完美，人物表情也很完美。我马上意识到，这是当天最大的收获。”他察觉到对方的羞怯后，耐心开导她，最终获得了她的许可。

麦柯里以为，这幅照片只是即兴之作，没想到，登上美国《国家地理》杂志封面后，它引起了巨大轰动。时至今日，《国家地理》仍会收到邮件，发邮件的人要么想索要它的版权，要么想给女孩捐款。然而，随后的十七年里，没人知道她叫什么名字。

麦柯里一夜成名。这张照片把他和《国家地理》捆在了一起。“从没有哪张照片能在这么短的时间里获得这么大的成功。我们深感荣幸。”该杂志摄影总监莎拉·利恩说。

其实，麦柯里并不受雇于《国家地理》，也不属于其他任何机构。除了年轻时短暂供职于美国一家地方报纸，他始终是自由职业者，周游世界近半个世纪。

麦柯里有着流浪者的灵魂。他的妹妹邦妮回忆，儿时，他经常一个人去树林里，或者跑到郊外探险；做祷告时，只要觉得无聊，他就会溜出教堂。“我对每件事都有兴趣：路面的裂缝、涂鸦、云彩……一切都令人着迷。”

1978年，麦柯里开始了自由摄影师的生涯。他贪婪地追逐故事，甚至跟阿富汗所谓的“圣战分子”同吃同住。用法国导演丹尼斯·德雷斯特拉克的话说：“他是不知疲惫的猎人，行动飞快，别人只能在后头望尘莫及。”

因为执意通过完美的灯光、构图和时机来讲故事，他面对的不仅是更多的困难，还有死亡的威胁，但邦妮说，“他的字典里没有‘恐惧’”。

“有一次在孟买，几个酒鬼把我扔到河里，差点被淹死。还有一次在斯洛文尼亚坠机，我一头扎入水中，时值寒冬，差点被冻死，但我奇迹般一次又一次死里逃生。”麦柯里笑言。

他宣称，自己尽力在冒险和谨慎间保持平衡。他并不认为因拍照而送命是值得的，但很多时候只能冒险。“坐在头排观看历史上演，是不可多得的体验。”

2

麦柯里的职业生涯中，“巧合”起了很大作用。有人感叹，他走到哪里，哪里就会发生改变世界的事件。或许，这只是因为他太爱漂泊。

9·11事件发生的前一天晚上，麦柯里从国外回来。他的公寓能俯瞰曼哈顿下城区。次日早上，他正在整理邮件，突然接到电话说出事了。他向窗外看去，大火正从世贸双塔蹿起。麦柯里拿起相机，冲上楼顶开始拍照。正当他准备奔向现场时，大楼轰然倒塌。

“它们正在爆炸，浓烟遮天蔽日，无数人被埋在废墟中。大楼没了，这是不可能的。即便亲眼所见，我也不相信这是真的。这就像是在梦里，或者说，在噩梦里。”大部分人惊慌失措地逃命，少数人却逆流而行，奔向灾难发生的地方。“我们想搞清楚发生了什么，然后把故事告诉人们。这是我们基因里的使命。”

灾难后的现场犹如“超现实主义秀”。纸屑到处飞散，显示这里曾是租金不菲的写字楼。文件柜、电话、电脑……在冲击和爆炸中灰飞烟灭。“我心如刀绞。然而，在这种情况下，作为摄影师，我必须保持冷静，做好分内之事。我告诉自己，不能被情绪压倒。”

麦柯里在现场一直待到晚上9点。躺在床上，他辗转难眠，半夜3点又一次到达现场。彼时，现场已经封锁，到处都是警察和消防员。他找到一个缺口，偷偷溜了进去，直到天亮才被发现。警察大发雷霆，消防员威胁说要用铁锹打碎他的脑袋。“我完全理解他们的心情。在他们看来，我们跟游客没什么区别。实际上，我们是历史的记录者。”

“这份工作令人……充实。”谈到自己的职业，不善言辞的麦柯里有些词穷。“我去过的很多地方，大多数人避之不及，我却渴望找到它们……或许，这就是我的‘基因’。”

3

麦柯里赖以成名的作品多为重大历史事件和战争题材，但他的镜头下从来不缺乏对普通人的关怀和对人性的探寻。

2013年，麦柯里受慈善组织邀请前往埃塞俄比亚西南部的奥莫山谷。那里生活着9个部落，是非洲“最后的边界”。当地没有干净的水源和医疗设施，疾病盛行。有一类人被称为“明吉”，这是对那些“不干净”或“受诅咒”的孩童的称呼。一旦被贴上标签，这些孩子就会被抛弃到沙漠中，或者被投进河里。

莱尔·拉布克是《国家地理》的摄影师，他和友人成立了“奥莫儿童”组织，旨在拯救那些被族人遗弃和伤害的儿童。麦柯里闻讯，马上以此为题拍了部纪录片，还展览和出版了大量照片。他们希望这些孩子有朝一日成为部落领袖，终结陋习。

麦柯里的人生中，“重返”是永恒的主题。他不像游客，拍完照片就跟一个景点说“拜拜”，然后一去不返。他会一次又一次回到老地方，寻找在生命里邂逅过的人。

2002年1月，麦柯里回到巴基斯坦，寻找十七年前令他成名的绿眼睛女孩。他们在当年的拍摄地附近到处张贴她的照片，那些难民营依然矗立在原地。幸运的是，有人提供了线索：她如今住在深山里，要开车6小时，再徒步3小时，穿越荒原。

摄影师没费什么力气就认出了曾经的小女孩。岁月带走了她的青春，她暗红的脸颊像牛皮般粗糙，下颌轮廓不再清晰，眼眸也不再清亮，但仍有火焰在燃烧。“这就是她。”他想。

她名叫沙巴特·古拉，是普什图人。据说，普什图人只有在战争中才能“找到和平”。《阿富汗女孩》是她人生中第一张照片，从那以后，再也没人给她拍过照。重逢时，古拉二十八岁，也许二十九岁，她说不清自己的确切年龄。

“这些年来，她过得很艰难。”麦柯里说。这次重逢让古拉得到了经济支持，但也令她的身份曝光，直接导致她被驱逐出巴基斯坦。回到阿富汗后，家人切断了她与外界的联系。这次，她彻底消失了。

“我去过阿富汗很多次，它的故事一直在延续，分为俄罗斯、印度、塔利班、美国等不同篇章。40年过去了，这个国家仍然一团糟。我对此并不惊讶，因为这就是我们的世界。真正让我惊讶的是，似乎没人能从历史中学到东西，尽管我们都拍着胸脯，信誓旦旦地保证会做出改变。”

阿富汗战争是麦柯里职业生涯中浓墨重彩的篇章，但他不认为自己是“战地摄影师”。“我感兴趣的不是战争，而是人的命运——那些不幸的人们原本过着和平的生活，突然发现自己已身处乱世。对我来说，这才是最重要的。”

4

麦柯里不习惯给作品分类，他喜欢称自己为“讲故事的人”。“我的某些作品属于艺术领域，被私人和博物馆收藏，很难把我归入哪个类别。”

这种特立独行的自我认知给麦柯里带来了麻烦。2016年，有人发现他的一幅作品像是用电脑处理过的。随后的调查表明，他确实修改了构图。

除了标准色彩校正和处理，任何对图像的修改都会被视为记者职业生涯中的污点。美联社就开除了曾用软件修改照片的摄影师纳西索·康特拉斯，即便该人曾得过普利策奖。《国家地理》的摄影总监莎拉·莱恩表示，“绝不原谅对新闻照片进行操作”。

“PS风波”发生后，麦柯里澄清说，摄影记者对照片的要求确实更严格，但他不觉得自己是摄影记者。“我认为摄影是表达个人观点的方式。在生活中，我们都是不完美的人，不时会犯些错误。”

他用《国家地理》1984年发布的另一张照片来解释自己的观点。“那张照片是横向拍摄的，但出版时为了适应封面尺寸，海水被纵向拉伸了。有人说这样不对，但我认为，只要真实性和完整性得以保存，就未尝不可。”他也保证，会尽量避免使用PS手段，即便是在独自旅行时。

虽年近七旬，但他的日程仍旧排得满满当当。他有个笔记本，上头密密麻麻地罗列着近期要做的事。本子的封面上有行潦草的字迹：“为拍出好照片，你必须上天入地。”这句座右铭，史蒂夫·麦柯里已践行了四十年。

像狐狸一样学习

□罗振宇

除了专长之外，你要尽可能多地、碎片化地掌握一些知识的皮毛，一知半解就好，不用系统，不用深入。这可能就是未来最好的学习方法。

我们这个时代，学习的方式，正在发生一次巨大的变革。我们正在经历从“考试式学习”向“破案式学习”过渡。此话怎讲?

过去的学习，知识的门类是固定的，问题也是清晰的。不管是一个数学方程的解法，还是相对论到底在讲什么，所有问题都很明确，而且这些知识都已经被体系化，以文字的方式确切地写在经典里，你只要去学就可以了。

因此，你的求知方式应该是勤奋、专精、系统化地学习，而学习效果由各种各样的考试来衡量。所以这种学习模式称为“考试式学习”。

哲学家以赛亚·伯林有过著名的“刺猬与狐狸论”：刺猬之道，一以贯之（一元主义）；狐狸狡诈，却性喜多方（多元主义）。传统社会显然更需要刺猬式的专家，一生只做好一件事就够了。传统社会并不鼓励像狐狸一样东张西望的人，虽然样样都通，但是样样稀松。好比你是个数码工程师，业余爱下围棋。可围棋下得再好，对你的职场竞争力有什么帮助呢？搞不好，还落得个玩物丧志的下场。

但是今天，传统学习模式正在遭遇挑战。原因很简单：第一，人类的知识总量已经太大了。大到任何一个人，用任何一种方式都无法消化，哪怕是一个门类的知识。第二，知识的确定性正在丧失。知识本身在频繁更新，今天还是共识的东西，明天可能就不对了。越来越多的知识，处于学科之间的模糊地带，本身也面目不清。问题越来越多，确切的答案越来越少。所以，考试式的学习当然就难以为继。

那怎么办？美国顶级畅销书作家庞德斯通在《知识大迁移》这本书里，提出了一个开脑洞的办法：你要去当一只知道很多事的狐狸，而且一知半解就好。

你没听错。这本书的主张就是：除了专长之外，你要尽可能多地、碎片化地掌握一些知识的皮毛，一知半解就好，不用系统，不用深入。这可能就是未来最好的学习方法。

庞德斯通洞察到了一个关键性的变化：知识和学习者之间的关系变了。过去的知识是固化的，学习者跟它的关系，有点像人和财富，是占有关系，占有得越多越富有。但是现在不行了，知识多到你根本就占有不过来。打个比方，过去水很少，而“自己”这个容器很大，往自己这个空桶里装水，当然是装得越多越好。而现在，水已经多得像大海，你就别想往身体里装了，学会在水里面游泳就好。

知识不是用来占有的，占有一知半解的、不确切的知识干吗？不管什么知识，都成了你踏入未知世界的踏板。一个片段的知识，会成为你求知路上的援兵，是不知道什么时候会起作用的接应。它不是答案，但它是通向答案的钥匙。还记得那个爱下围棋的数码工程师吗？过去，围棋只是业余爱好，但是现在，正因为他对两边都懂一点，所以，击败人类棋手的人工智能AlphaGo可能就是他开发的啊。

这个时代，知识的“盲点”不可怕，可怕的是知识的“盲维”。那些一鳞半爪的知识，孤立地看可能没有用。但正因为它分散、碎片、不成系统，所以在知识的网络效应里，它极有可能在机缘凑巧时，填补一个你认知世界里的空白维度，让你的一个认知盲维突然透进了一丝亮光，那它就是价值连城的。

一个著名的例子，就是福尔摩斯第一次见到华生的时候。他马上判断出他是一个从阿富汗回国的军医。为什么呢？因为华生有医务工作者的风度，同时还有军人气概，那他肯定是个军医。左臂动作僵硬，说明刚刚受过伤。那当时什么地方刚刚打完仗，有可能让一个军医受伤呢？阿富汗。所以，结论就出来了。

你看，福尔摩斯只需要一个片段的知识——阿富汗刚打完仗，就足以让他完成一整套推理。他并不需要深入细致地了解这场战争。

这就是“破案式学习”。过去的学习，是面对已知的学习。现在的学习，是面对未知的学习。人人都是福尔摩斯。比如，你想创业，你想知道自己的创业计划靠不靠谱，上哪儿去找答案？你每次遇到的都是不同的案情。在未知的海洋里面，任何一根小树枝都是救命稻草，你有一些微茫的小线索，哪怕不精确，没关系，利用互联网工具，利用线索和线索之间的交叉关系，并不难找到答案。

《知识大迁移》里有一个关于收入的调查结论很有意思：在专业能力相当的情况下，谁知道的乱七八糟的杂事越多，谁的收入越高。像地理知识、历史常识、冷门的体育术语，知道的人比不知道的人，年收入要高出几万美元。凭什么？就是因为人家手里通往陌生领域的钥匙更多嘛。

鞋带儿

□毕淑敏

生活里，我们跑得不快，有的时候只是因为我们没把鞋带儿系好。或许，那原本就是一双没带儿的鞋。

鞋可以分成两大类，有带儿的和没带儿的。没带儿的鞋，穿起来方便，可跑不快。有带儿的鞋，穿起来费事，要弯下腰来系鞋带儿。可鞋带儿能把鞋和脚紧紧地固定在一块儿，好像焊锡的作用。人穿着系了鞋带儿的鞋，走路办事就利索多了。那平添的机敏与速度，就蕴含在小小的鞋带儿里面。

我小的时候不怕黑，不怕大的声响。最恐惧的一件事，就是系鞋带儿。那是上全托的幼儿园，刚开始是老师给系鞋带儿。我觉得这是世上最精巧的活儿，大人们的手指像变魔术似的，三缠两绕，就打出一个黑蜘蛛的结。老师一边打结一边说，叫你们的家长甭买带带儿的鞋，怎么又买来了？一副很劳累的样子。于是我认定系鞋带儿是个苦活儿。

我决定自己学着系鞋带儿。我费了很长时间打那个神秘的结。我先是把它拆开，这是一件很容易的事。但拆开之后完全不知道怎样再扭结到一块儿。我第一次明白了破坏一件东西是很简单的，要恢复它就复杂多了。要想靠毁坏某物来学会建造它，实在是很危险、很艰难的事。不是不可以一试，是机会只有一次。

只好再去找老师，她嘟囔了一句，一个女孩子还这么淘气，把鞋带儿都蹬开了，然后就飞快地打那个宝贵的结。我目不转睛地看着她粗大的手指像掏耳朵似的比画了两下，那两根原本孤立的小黑蛇就死死地缠在了一起。

我觉得我记住了那个过程。我勇敢地第二次拆开了那个结。我费了很长的时间练习，蹲在地上，直到头晕眼花。我用老师的打法，却打不成同样的结。只好试验其他新奇的打结法，结果要么完全不是一个结，鞋带儿始终是两根互不相干的面条；要么就是它们凝结得太紧密，像个破不出的谜语。面对死结，我用牙齿去咬。鞋带儿的滋味是微咸的，好像含着话梅。

我很想把自己的过失永远地掩盖过去。可是不行，午睡的时候我脱不下鞋，上不了床，只有带着死结去见老师。她粗暴地说：“你怎么这么笨？连鞋带儿都不会解！”

我至今不明白，为什么老师看不出我是在练习一项新本领的时候失败了，却认定我是在重复一个旧过程时的愚蠢？

她的确是费了很大劲儿才解开了死结。有一瞬，她气得几乎要用剪子剪断它们。那一刻，我好害怕而且伤心，我觉得我害了鞋带儿们。

我真正学会系鞋带儿，是在偶然看到老师给别的小朋友操作这一过程时，我恰好站在老师的背后，一切都那么清晰明朗。我不知道应该算是自己太笨还是老师考虑得不够周到：平日她给我们系鞋带儿，都是蹲在我们的对面，而要学会某项技艺，你必须和老师站在同一方向。

我终于打出一个惟妙惟肖的结，甚至比老师打的结还要紧，把脚背都勒疼了。我把脚跷得高高的，仿佛要把经过我面前的人都绊一个跟头。鞋带儿快乐地耸立着，等着人们发现这一惊人的事件。但是可惜得很，无论我怎样暗示，大家都不表示惊奇。我只有到老师那里去毛遂自荐，我想，就算别人都拿这件事不当回事，我的老师应该由衷地高兴。别的不说，起码她以后不用辛辛苦苦地为我系鞋带儿了。

老师看了我的鞋带儿一眼，又看了我一眼，说：“你早就该会了。”

我立刻从成功之后的喜悦坠入冰河。我至今感谢我的这位老师，她使我极幼小的时候就懂得了，有时候你自以为十分辉煌的成就，在别人眼里是理所应当的平淡。

当我学会系鞋带儿以后，我就不再珍惜这个技巧了。系鞋带儿很要紧的一条是两个端头留得一样长。我渐渐地不再像初学那样将它们比画得如孪生兄弟，而是敷衍地一长一短随便绾两个结，任凭它们像断了一只翅膀的蝴蝶在我的鞋面上乱颤。

学会了偷工减料，我很高兴，但鞋带儿开始反击。那个冬天的风寒冷得如同冰糖葫芦上亮脆的薄片，把人的手割出细碎的血口。我刚上学，要走很远的路。未系牢的鞋带儿像风筝飘带儿挂在一块尖锐的石头上，那个大马趴摔得我脑浆至今还乱成一团。我懵懵懂懂爬起来，一时都不明白自己为什么要匍匐在这儿乘凉。好在那截鞋带儿并不忙着隐藏罪责，很招摇地在风中摆动着，让我刻骨铭心地记住了它的重要。

不管我多么仇视它，我还是乖乖地将它重新系牢。冷空气把我的指关节冻得同蜡烛一样硬。那个漫长的过程，让我刻骨铭心。

从此，我再不敢忽视系鞋带儿这一类的小事，你疏忽了它，它绝不会疏忽了你。你若不信，它就在你最扬扬得意的时候轻轻抖出一个花样，让你静静地躺在大地上清醒。

鞋带儿会断。断了的鞋带儿可以接起来，但接起来的鞋带儿就大不如从前了。首先是它不好使，接头会在每一个穿孔的部位疙瘩着不肯前进。再者是它不结实，会在你最需要登攀的时候訇然断裂，让你觉着似乎自己的脚在一刹那突然脱落。

所以鞋带儿断了，我从不将就。别的都可以补，鞋带儿不可以补，赶快换新的。要赶路，结实最重要。

细细想，鞋带儿这个词挺妙。它是鞋子的带子，有了它，我就可以时刻把鞋带在身边。有的时候，我们跑得不快，只是因为我们没把鞋带儿系好。或许那原本就是一双没带儿的鞋。

知人知面难知心

□张　燕

世间的人有千万种，认清每个人的真实面目，实在是最难的事。不要以貌取人，要试着看到一个人的内在灵魂。如果自认后知后觉，别忘了多交出一点时间去看。

1

俗话说“日久见人心”，相处的时间长了才知道一个人的品性究竟如何。但朋友中总有这样的高人，即使只有一面之缘，也能对对方的性格和行为模式了如指掌。这种直窥人心的本领神奇地近乎于巫术，但又不得不让人叹为观止。

实际上，大多数人天生就有“识人”的能力，这项天赋在人群之间几乎没有多大差异。有差异的，是人们运用这种识人之能的方式。在看《大侦探福尔摩斯》时，人们都会惊叹于福尔摩斯对细节的把握，以及他按照归纳演绎法推理出事实真相的过程。事实上每个人都有成为福尔摩斯的潜质，只不过绝大部分人没有用心去观察和思考。

对超级认知能力的研究并不多，毕竟这不涉及具体问题的解决。尽管如此，美国心理学家亨利·亚当斯仍然在近百年前就开始研究人类是否存在慧眼识人的天赋。

他于1927年发表了有关研究。当时找了80名相互并不充分了解的年轻女性，将她们随机分成八组。亚当斯要求她们对同组其他女性的个性进行评价，并作自我评价。然后依据每位志愿者得到同组其他成员的评分算出平均值，以获得此人“真实”的个性。最后他再分析这些数据，看看其中是否有人具备准确理解他人或自身性格的超常能力。

通过数据对比和分析，亚当斯发现，善于识人知人的“明眼人”不一定是容易相处的有趣对象。他称这些人虽然在脑力上敏捷而灵活，但往往“动不动就生气，脾气不好，闷闷不乐又喜怒无常，还缺乏勇气”。亚当斯的理论指出，矛盾的是，有知人之明的达人是以自我为中心的：他们只将别人视为工具，用以达到其自身目的。相反，那些有自知之明，善于对自身做正确评价的女性，亚当斯认为她们“待人处事得体，有礼貌，人缘很好”，她们更感兴趣的是如何帮助他人。

20世纪50年代以后，亚当斯有关慧眼识人的概念逐渐遭到挑战。首先亚当斯等人用以鉴定哪些人有慧眼如炬能力的方法遭到质疑。随后的几十年里，更多试图证明存在识人高手的研究，彼此之间是相互矛盾的。因此在很长一段时间里，识人者智的论断还缺乏更有说服力的证据。

2

在一些包括相亲在内的真人秀节目中，参与者需要在短短的几分钟内，对自己是否喜欢一个完全陌生的人作出判断。新的研究表明，这种短平快的判断是盲目和轻率的。

美国田纳西大学的凯瑟琳·罗杰斯与来自英属哥伦比亚大学的杰里米·比桑兹的研究认为，人人都具备慧眼识人的能力，区别在于是否有“清晰目标”，即被观察者能否传达出与自己个性相关的有用信息。换句话说，当面对个性清晰的目标对象时，识人高手的本事才会显露出来。

为了能让人理解短时间内认清一个人的难度，他们做了一个比喻。他们说：“差不多就像亚马逊新推出一本微积分学的书，但没有提供任何章节供在线浏览参考，要评价此书，即便是微积分学老师也不会比一位学生高明多少。要是能提供部分章节，微积分学老师就会比学生的理解高上好几倍。”

最新的“慧眼如炬”研究成果，基于一项实验，其规模比当年亚当斯所做的大得多。罗杰斯和比桑兹招募了几千名大学生，要求他们和同一名陌生人交谈三分钟，或观看三分钟某个陌生人的视频短片，然后要求他们对其个性进行评价。接着，研究人员将学生们给出的评估与被评估者的“真实个性”相比较。此处的“真实个性”是根据被评估者的自我评价，以及对他们相当熟悉的一位亲友的评价而作出的结论。

数据表明，确实存在识人高手，少数参与者在准确判断他人个性方面大大优于平均水平。但是数据也显示，只有在评判目标的个性比较清晰时，高手的观察力才能显现出来。

罗杰斯和比桑兹总结说：“我们已发现始终如一、清晰而又有力的根据，说明识人高手的确存在”。研究人员发现至少对于短时互动，识人高手主要的手段是

“能够敏锐观察和恰当运用清晰目标对象所提供的信息”。

但他们发现，这种本领只适用于评判性格外向的个体。研究者说，这意味着“如福尔摩斯那样的角色——他们具备能一眼看穿他人性格的神奇能力，在我们的研究中是没有根据的”。

了解这一原理后再看电视真人秀节目的话，你会有更深的了解，也不需要为那些仓促做出决定的人能否天长地久感到担心了，毕竟他们看似有逻辑的言辞，都是为了短期娱乐化的需要——几分钟的接触，改变不了对方仍是陌生人的事实。

3

在短时间里，认清一个人并不容易。但如果非要在有限的时间里对陌生人做出评判的话，那么，最容易对人的评判结果造成影响的因素是什么呢？答案是长相，人们更容易在短期内相信从外貌中透露出来的信息。

人人都是外貌党，这并不是一件需要勇气才能承认的事，因为就连孔子都犯过以貌取人、失之子羽的错误。在看到一个人的瞬间，心里就有了先入为主的判断。

这种近似偏见的判断可能会对生命中的重大事件起到决定性的作用。“尽管我们都想理性地做决定，但是我们经常受一些肤浅因素影响，”美国卡内基·梅隆大学的克里斯托弗·奥利沃拉教授表示，“外表、长相就是典型的肤浅因素，但影响却非常大。”

早在十多年前，美国普林斯顿大学的亚历山大·托多洛夫教授就发现，人们对美丽的先入为主的认识可能会导致大家忽视相貌偏见的其他表现形式。他要求参与者在一秒钟内查看参选美国国会议员的人的照片，然后投票选择谁更能胜任。即使考虑了年龄和吸引力等其他因素，参与者对于竞选结果的草率判断居然也有高达约70%的准确率。

最近的很多研究都揭示了类似结果，除去异性相吸等因素，所有测试都表明了长相和成功成正比关系。比如，长相看起来越有控制力，就越有可能获得首席执行官这样的职位，收入也会更高。科学家在军队也做了测试，要求人们根据学员的面孔来推断职位，得分较高的学员更有可能在今后登上事业的高峰。

4

“漂亮就是生产力”，这在各行业都会发挥出效果。据经济学家丹尼尔·海莫默什研究发现，比起姿色平平的人，外表更具吸引力的人，其收入要高出10%到12%。这种现象存在于各行各业，从橄榄球运动员到律师，甚至是他的同行经济学家。

以貌取人的判断似乎不符合理性判断，但却是下意识的行为。事实上，无论何时遇见谁，你都会无意识地对他进行评价。托多洛夫表示，其实只需40毫秒就能快速推断某人的个性——远少于眨眼的时间。这似乎是全年龄段的习惯，并不会随着年龄和阅历的增加就有所改善，即便是三四岁的儿童也会“以貌取人”，而在几十年后也同样如此。

这种通过外貌来快速获取新信息的能力，是在进化中迅速分清敌我的必要手段，但这一能力在日常生活中却带来一些问题。

“人们太过注重相貌而忽略他们已知的信息。”奥利沃拉表示，比如在测试信任和诚实的游戏中，参与者都倾向于和“看起来可信”的伙伴合作，即使有证据显示他们的伙伴曾经作弊。在知人方面，知面容易知心难，两者间的鸿沟还需足够的时间才能填补，可问题的难点在于，时间是奢侈品。

万人如海，驻一隅安然若素

我们除了能够赋予生命广度，其实还可以赋予生命深度。那就是在广泛探寻的基础上，发现那个我们注定喜欢，也有能力耕耘的领域。在那里，我们将会求得灵魂的归属。很多时候，放弃完美，就多一份轻松；面对现实，就多一份自在；做好选择，就多一份从容。万人如海，我们要能驻一隅安然若素。

富足而饱满的灵魂

□张　希

成功的人生，无疑需要充实而丰盈的内心世界作为支撑。有多少人，在追逐名利的过程中，丢掉了自己的灵魂，这样的人生，其精神世界的空虚永远无法填充。

晚年退隐浙江老家的元代著名画家赵孟頫，某日迎来了一个不速之客——一位头发花白凌乱的老头。老者言明要拜在赵孟頫门下学习绘画。虽说这些年慕名来学画的人不少，但赵孟頫还是第一次见到这么老的。他问其年龄，来人答：五十岁。虽有外甥王蒙的引荐，赵孟頫仍有些疑虑：这人年纪是不是太大了。再者说，其人已经具备相当高的诗书画的技艺，五十岁再学艺，目的是不是那么单纯呢？他又能学进去多少呢？老者显然看出了赵孟頫的心思，他安心住了下来，从此悉心向赵孟頫学画，以自己的实际行动向老师表明态度，并以“松雪斋中小学生”自比。赵孟頫字松雪，松雪斋是其书斋。赵孟頫最终还是收下了这个年过五十，只比自己小十五岁的学生。

那些日子里，老者专心临摹老师的画，完成老师布置的作业。赵孟頫发现他静气凝神观察景物时，如木雕泥塑一般。观察之后，他总要认真构思一番，才下笔作画。

在松雪斋潜心十载，这位六十岁的老者，又一次做出了在当时人看来匪夷所思的决定——他开始云游天下，而且说走就走，一路结交江南各地同好诗、书、画之人，朋友遍及儒释道三家。他一路走一路画，以这种独特的方式，寄情于天地山水。

转眼间，又过去了许多年，老者选择在富阳定居下来。面对滔滔的富春江水，他细品人生四季之美，用心绘制成了《富春山居图》《富春大岭图》等多幅画作。当然，他并不知道自己用了四年时间绘制成的《富春山居图》，会成为流传千古的旷世奇作。是的，这位老者便是元代著名画家黄公望。

后来，曾与其同游的师弟无用禅师，几经周折找到了黄公望，手捧那幅举世无双的《富春山居图》，激动得老泪纵横。黄公望则开怀大笑，二话不说，将它赠予师弟。将这幅心血之作拱手相让，黄公望来得干脆利落，没有丝毫迟疑。这是何等洒脱！然而，值得玩味的是，无用后人将此画变卖换钱，从而让《富春山居图》开始了近六百年传奇而曲折的经历。

现在的人们，总爱将“成功”二字挂在嘴边。我不禁想问什么才是成功？是豪宅名车、锦衣玉食？是名闻天下、财源广进？仅就人生这根时间轴上几十年有限的长度而言，以上这些恐怕都不算成功。黄公望的故事，让人明白：真正的成功是将自己最喜欢的事情做好，以自己最喜欢的方式去生活。

黄公望可谓少年得志，以“神童科”入仕，之后的仕途却相当不顺。书吏做了很多年，受上司牵连入狱。从年少入仕到中年入狱，世事无常，人生的跌宕起伏，让黄公望彻悟。所以，他出狱后，彻底远离名利场，用宝贵的后半生找寻真正属于自己的人生。友人郑元佑曾描述晚年的黄公望：“头蓬、面皱、丝鬓垂。”不修边幅的黄老先生，泛舟于太湖，悠扬的笛声，吹得好不畅快。他独自攀山越岭，举瓦罐豪饮浊酒，笑声回荡于山谷之中。这又是何等逍遥！

常听人说，这辈子要活出个“样儿”来。黄公望并不追求什么“样儿”，他要的是活出“味儿”来。这无疑正是自称“大痴”的黄老先生超然世外的大智慧。

其实，人生成功与否，主要是个人自己的内心感受，是一种自我评判。正确的自我评判，需要一个人充实而丰盈的内心世界作为支撑。有多少人在追逐名利的过程中，丢掉了自己的灵魂，这样的人生即便再富足——他能做到的，不过是简单的欲望满足——其精神世界的空虚将永远无法填充。

在世俗的眼光中，黄公望的一生真的算不得成功——虽说创作了旷世之作，但他生前却未从中获得任何好处，既无名又无利。但黄公望老先生本人肯定不这么看：他爱画，就是单纯的喜欢，从中获得了生活的充实和内心的满足，这一切原本就与名利无关。我想，在告别这个世界的时候，黄老先生会认为自己清贫、奔波且曲折的一生是成功而幸福的——因为他有着真正富足而饱满的灵魂。

“没有什么比给孩子们上课更重要”

□唐若水

一个成就卓著的人，越是谦逊，越能保持平凡人的本色，往往越值得人们尊敬。因为勇于俯身屈居的人，他的心胸足以证实他的高贵。

2018年10月8日，2018年度诺贝尔经济学奖在瑞典皇家科学院揭晓。美国耶鲁大学七十七岁的威廉·诺德豪斯教授和他的同胞保罗·罗默教授，因对“创新、气候和经济增长”卓有成效的研究而分享了这一举世瞩目的奖项。当然，获奖本身便是表彰他们长期在宏观经济分析方面的杰出贡献，尽管两人的研究方向并不完全重合。

实际上，在颁奖前几天一个秋雨飘洒的晚上，诺德豪斯教授在家里已经接到来自诺奖评委会的电话，通知他已正式获得本年度的诺贝尔经济学奖。消息来得如此突然（可见评委会的“保密”工作做得天衣无缝），以至于一开始老教授还以为对方拨错了电话。他礼貌地要求对方再说一次——这倒不是因为他怕自己过于激动而听错，而是因为作为一丝不苟的科学家，他一向遵循着“重要事情须重复说两遍”的好习惯。其实，在接到获奖信息后，他依然心平如水，说话的语气和往常一样平和舒缓。原因很简单：在此之前他从来没想过有朝一日他会获得诺奖，尽管在经济学圈子里，他早已是教父级的人物了。

众所周知，诺德豪斯教授是美国最有影响力的50名经济学家之一，也是全球研究气候变化经济学的顶级分析师之一，一直被誉为全球环境经济学的领军人物，还被形象地形容为“守望绿色经济”的伟人。令人稍稍感觉惊奇的是，身为20世纪80年代耶鲁大学的教务长和90年代耶鲁大学的副校长，诺德豪斯教授数十年如一日，和许多普普通通的教师一样，在耶鲁大学主讲经济学原理等基础课程，这就意味着：他的大多数学生是本科生，甚至是刚刚开始叩击经济学大门的低年级学生，而非硕士、博士研究生。

不过，不论在西方还是东方的大学里，他的大名对经济学专业的学生来说可谓如雷贯耳，因为他与老前辈萨缪尔森合著的经典教科书《经济学》几乎人手一册，而且已被翻译成了17种语言，印数超过500万册。他的理念，在经济学王国广为传播，并越来越深入人心。

诺德豪斯教授再低调，喜讯还是像飒爽的秋风吹遍了耶鲁大学校园的每个角落，接着通过媒体很快传遍整个美国。各大媒体纷纷派出记者采访诺德豪斯教授，耶鲁大学也立马着手组织一次规模空前的记者招待会。不过，令校方和媒体大跌眼镜的是，诺德豪斯教授认真甚至有点执拗地表示：记者招待会必须推迟。因为这一天他还得上课，而他认定“没有什么比给孩子们上课更为重要”。

当老教授迈着沉稳、踏实的步子走进他熟悉的宽大教室时，学生们全体起立，向他们荣获诺奖的敬爱老师致意。祝贺声、鼓掌声、欢呼声、欢笑声甚至口哨声此起彼伏响成了一片。老教授的表情抖动了一下，因为在一向庄严肃穆的课堂上，如此热闹、喜庆、奔放的场面在他一生中可是从未出现过的！

作为世界经济学界顶尖的大师，学生们对诺德豪斯教授崇拜有加：他的勇于创新和开拓、他治学的严谨、他时时修正自己失误的勇敢和自信、他永不言老的勇气、他跟晚辈合作时的循循善诱和虚怀若谷……而作为几乎每周都能见到的师长，学生们更是感到可敬可亲：他上课时的旁征博引、他年年都在翻新的教案、他给大家分析经济大势时的犀利目光……

老教授走上讲台，首先对学生们的祝贺表示了诚挚的感谢。接着他留意到门边一侧堆放着一束束鲜花，其中有的分明不是来自花店，而是从野外随意摘来的。他猜想是有些学生知道消息晚了，没有时间上花店买花，便沿路顺带采摘了些，之后就直接赶来上课了。老人瞥了一眼野花，目光中漾满了温馨和感激，接着会意地笑了起来。

接着他又发现，教室另一侧竟然“潜伏”着一群记者，长枪短炮正瞄准着他，等候着他！他轻轻皱了皱眉，动作之轻微连近在咫尺的学生们都没有察觉，但最后他脸上还是恢复了他特有的庄重的微笑。接着他既坚定又优雅地做了个“请”的手势，意思是要求记者朋友们统统撤离，等上完课，他们才是主角。

等记者们乖乖又很不情愿地撤退后，老教授意外地宣布，今天上课破例允许学生们开着手机。欢呼声和感叹声由此又一次热烈响起。

等学生们终于平静下来，他不无幽默地开始解释说：“为了记录下这短短的美好时光，本人斗胆代表诺贝尔先生，批准你们在上课之前5分钟拍摄照片或视频，而标题不妨定为‘上课更重要’。”

你看云的样子真美

□郭路瑶

观云虽然属于那种“没有什么价值”的事，但它确实给很多人带来了惊喜。生活中的很多事情不正如此吗？似乎毫无意义的事，最终却意义非凡。

如果按古怪程度给全球的兴趣社团排个名，英国人加文·普雷特·平尼创立的赏云协会可能会上榜。这个协会拥有4万名会员，来自全球100多个国家。他们都对同一件看似荒谬的事儿无比着迷——收集云彩。

这种藏品不能被夹进集邮册等着升值，不能被摆进橱柜向人炫耀，也不能在收藏者之间交换。它千变万化、转瞬即逝，没人能握它在手心。

在写给会员的《云彩收集者手册》中，平尼说收集云朵很简单：只求曾经拥有。抬头望望天空，和那些漂浮不定的家伙打个照面，或者咔嚓拍个照同其他人分享，你已把那片云收入囊中。

这听着有点像精神胜利法。但在平尼心中，收集不是拥有，而是去看、去记录。他设计了不同的计分卡片。每观测到一种云或现象，根据它的稀有程度，收藏者可以获得对应分值——和童年时收集饼干袋里的塑料卡通小人儿没两样。

对大部分人来说，看云仅用于无聊时打发时间。平尼认同，看云是真正的无用之事：“你不可能躺在草地上，伸长脖子仰望天空，然后拯救世界，对吧？”

“这件事毫无意义，所以它如此重要。”平尼表示，网络世界正密谋将我们囚禁在永恒的忙碌中。回复堆积成山的邮件、更新个人主页、刷微博新鲜事，我们的生活逐渐被虚拟世界里那些“重要”的活动塞满。现代人打招呼的方式成了：“嘿，我刚在线上看了场动物园熊猫表演，还有什么好玩的？”

平尼相信，看云甚至能减少人们花在精神科的费用。哈佛大学曾有研究表明：做完胆囊切除手术后，床位靠窗的病人比靠墙的病人恢复得更快，需要的药物治疗更少。

这个“热爱无用之事”的人本科在牛津大学学哲学，毕业后和朋友合办《游手好闲》杂志，目标读者是那些无所事事之士。干了十年后，平尼发现，为了这本推崇“无用之价值”的杂志，他自个儿反倒“被掏空”。

和别人交换公寓后，平尼搬到了罗马，打算漫无目的地游荡。可走在晴空万里的罗马街头，他突然怀念起英格兰那些遮蔽了阳光、无时无刻不被咒骂的云朵。童年时，他以为它们是长在天上的棉花团，要人们搭长长的梯子去采摘。

在一个演讲者比听众还多的文学节上，他半开玩笑拟了个赏云协会的开幕演讲。没想到现场座无虚席，许多人向他咨询，怎样才能加入这个压根儿还不存在的协会。

这大大超出平尼和相关专家的预期。出版第一本与赏云有关的科普书时，28家出版社接连拒绝了平尼的投稿。第29家勉强同意出版，接着它就杀入英国非虚构类畅销书年度前10名。

同云一样，观云者也散落世界各地。赏云协会创办后，会员人数快速膨胀。从芬兰、印度到伊拉克，人们被同样的热爱联结在一起。会员中有耄耋老翁，也有数月大的婴儿。平尼调侃，婴儿是对云最感兴趣的群体，但他们如何完成注册，仍是未解之谜。

艺术家在无尽的天空中寻找灵感，神经兮兮的老爷子驱车800公里追逐喜欢的云朵。滑翔伞冠军曾被气流卷入万米高的云层中心，从零下40摄氏度低温中奇迹生还后成了坚定的观云者，而她最骄傲的藏品正是那些差点儿让她丧命的、云族中的脱缰之马——积雨云。

大家每天在平台上分享收集到的云朵。一片片粉色荚状云像悬在空中的飞碟，日出时的积云像大象、加菲猫、花椰菜，高积云像棉球罐被谁打翻。更罕见的云如同喷薄的火山口、沙漠的涟漪、被岩石撞碎的海浪。

一位云彩收集者想了想说：“成为观云者，只因为单纯地欣赏它们。”另一位认为：“每个人都是观云者，只是我承认了而已。”

平尼将云朵视为大自然最诗意的结晶。这种水蒸气凝结而成的形态，洁白、美丽、飘逸。它是天空的表情，向人类展露大气的情绪变化。它平等地对待所有人，任何人仰头就能欣赏。

第一批观云者对云的系统研究，奠定了现代气象学的基础。在此之前，云彩仿佛悬浮在空中的未知大陆。

云彩变化多端，但按形状、高度、天气等特征来区分，几乎所有云都可以划入

10大种类、100多种亚型。1802年，英国人卢克·霍华德首次得出这一结论。他是个“不务正业”的药剂师，最大的爱好是看云。在牛津郡上学时，他几乎每堂课都走神，目光随着窗外的云飘忽不定。多年后，这位业余爱好者的论文在气象学界如平地惊雷。

两个世纪后，一位协会会员给平尼发了张拍摄于俄亥俄州的照片，画面压抑得如同《圣经》中的末日决战：遮天蔽日的黑云快触到城市的塔尖，它们连成密集的片状，底面粗糙不平，皱褶波涛翻滚。

平尼持续不断收到类似照片。可他发现，现有的分类中并没有这种云。他揣着文件包，忐忑地走进英国皇家气象学会。九年后，也就是2017年，世界气象组织终于认可平尼提出的新云种，它被命名为“糙面云”。这是六十四年来，世界气象组织首次增加云的分类。

媒体将这视为业余爱好者的胜利。平尼则提醒，赏云者不是气象学家，没必要给云编制目录。更重要的是抬头望天，像孩子一样享受看云最纯粹的乐趣。那一片片始终一样，却又始终不一样的云彩，是天空给人类的永恒慰藉。

遛鸟人老王

□华明玥

在这片土地上，人怎么能狂妄地说自己形同国王？能做一个打杂的仆人，就是福分。

深秋的阳光就像碎金子一样，把山道两侧的树都镀得发亮，特别是这一段山路的两侧，还有数十上百株的银杏树，在11月，完全成就了金色的交响。一大早，老王就骑着他的自行车，吱呀吱呀缓缓爬坡，车上载着他的“八旗子弟”——画眉、百灵和山雀，一共八只鸟笼。行到车无法走的小道上，老王下车，双手如少林寺弟子一样，各提溜四只鸟笼继续登山，一边走，一边像每个遛鸟老手一样，来回摆动鸟笼，如凭空轻舞水袖，使得鸟在醉酒一般轻晃的状态下，时仰时俯，习惯于倒栽葱式的握杠方式。

回到山野，不由得鸟们不兴奋，笼衣还没撩开，老王就能感受到鸟们上蹿下跳、跃跃欲试。等笼衣一掀上去，笼鸟的歌喉一亮出，野鸟们就会沉寂半晌，就像《中国好声音》的导师开了腔，学员们都得稍息一样。不过，对鸟来说，唱是本能。不一会儿，野鸟们也恢复了高高低低的鸣唱，比起笼中鸟，它们的嗓子虽不够华丽圆润，却有一股野性，能飙高音，高音深入云霄还能带拐弯；还有，它们能一面蹿飞，一面鸣唱，鸣唱的音像丝带一样抛出来，将一座山林都唱出了幽深。

老王说，笼中鸟唱得再好，要是不受这一番刺激，挑逗出它们的好胜心，时间长了，歌唱的水平就会下降。这好像是老王为遛鸟，每天都骑十公里路，再爬上两小时山道的原因。其实，老王的老伴儿揭发过他：“老王这人，一天不管闲事就浑身发痒，你以为他是遛鸟去的？他是跟爱占小便宜的登山人较劲去的。”老王像被抓住了现行的顽童，朝我眨眼。

从秋深到初春，老王从挂上鸟笼到收笼子回家，事实上都在履行一个巡山护林员的义务。他管人家用竹竿打白果，用套圈揪野生的猕猴桃和柿子，悄悄跟人到竹林的深处，等人家拔出小铲子来挖笋时，猛一顿咳嗽。遇上脸皮薄的，人家就红了脸，收起铲子来嘟囔说，又不是你家的林子，笋密了竹子长不好的。老王愤愤地摇摇近处的一棵竹，说："你们抬起头来看看，这笋还密吗？这竹林的密度，还能拍《卧虎藏龙》吗？"

也可能遇上脸皮厚的，大大方方将核桃大的野生猕猴桃装满了大衣口袋，无视老王的咳嗽和鹰一般逼视的眼神："这明明是无主的山，无主的林子嘛！猕猴桃落了满地滚，多可惜。"老王说："真是满地滚的熟桃儿也就罢了，你把那比拇指头大不了多少的也摘了，你让这满山的鸟儿，怎么过冬呢？"

摘猕猴桃和野柿子的人，多少有点狼狈，鼻子冒汗，两颊发烫，还有人软弱地回击："老爷子，你也带了几笼鸟来，我就不信你没摘过这山上的果子给你的鸟解渴。"老王就怒了，回身摘了自己的鸟笼来，猛凑到那人面前，鸟扇了那人一鼻子的灰：老王给鸟准备的柿子，足有茶杯口大，一看就是水果店里买的。

这个双休日，老王除了他的"八旗子弟"，还带了小锄头和粗布手套上山，老王的老伴儿说，他除草去了，要把影响竹子、野生果树的杂草都除掉，免得它们抢营养。除掉的草，就地埋了做堆肥。老王还要给怕冷的树下半截涂白，经他整理过的那片山林，从上到下缓缓弥散着安宁，就像一个了悟的圣人，走入冬天。

老王说，在这片土地上，人怎么能狂妄地说自己形同国王？能做一个打杂的仆人，就是福分。

你错过了多少生活

□［英］阿兰·德波顿　译/佚　名

生活中并不缺少美，而是缺少发现美的眼睛。假如我们努力发现并有所得，何不再通过适当的方法真正拥有美呢？比如通过书写或绘画来描绘美丽的地方，如此，我们便拥有了更多的生活。

英国著名艺术家约翰·罗斯金出生于1819年的伦敦，他的大多数作品都围绕着一个主题，即如何拥有美景。

罗斯金认为，只有一种办法可以正确地拥有美，那就是尝试通过艺术，通过书写或绘画来描绘美丽的地方，而不考虑我们是否具有这样的才华。

你画得好不好并不重要，绘画最重要的作用是教我们去观察：不是走马观花地看，而是关注。树干是如何与树根相连的？雾是从哪里来的？为什么一棵树的色泽似乎比另一棵更深？——在素描的过程之中，类似的问题不断出现并得到回答。

在一篇文章中他写道："让两个人外出散步，一个是优秀的素描家，另一个则对这类东西毫无喜好。他们顺着一条林荫道往前走时，对这片景色的感受会有着很大的区别。一个将看到一条小路和树木，他会认为树是绿色的，但他不会对此做任何思考。他会看到阳光闪耀，并觉得很舒服，仅此而已！但素描家会看到什么？他的眼睛习惯去探求美的原因、美的最细微的部分。他抬头向上看，观察阵雨般散射的道道阳光是如何从头顶闪烁的树叶间洒落下来，直到林间充满翠绿的光。他会这里看看，那里看看，一根树枝从树叶的遮蔽中伸出来。他会看到翠绿色的苔藓散发的宝石般的光芒，还会看到色彩斑斓的地衣，白色和蓝色，紫色和红色都交织、混合在一起，织成一片鲜艳夺目的锦缎。接着，他会看到凸凹不平的树干和扭曲的树根，树根在陡峭的河岸像蛇一样延伸开去，而岸边铺着草皮的斜坡，被有着千万种颜色的花朵镶嵌。这难道不值得细细品味吗？然而，如果你不会素描，你只会经过这条绿色的小路，当你再次回到家时，你不会觉得有什么值得一提或回味再三，你仅仅是走过了它。”

罗斯金不仅鼓励我们作画，他还认为我们应该写。写作就是用文字画画，这样做可以巩固我们对于美的印象。

令人陶醉的景致通常让我们意识到语言的贫乏。在湖区给一个朋友的明信片上，我带着某种绝望，匆忙写道：“这里景色很美，天气潮湿、多风。”罗斯金会将这样的语句更多地归因于懒惰，而不是缺乏能力。他认为，我们有能力进行大量丰富的语言描绘。导致失败的结果仅仅是因为我们没有问自己足够多的问题，没有精确地分析我们的所见和所感。我们不应当仅仅停留在“这片湖很美”的感觉上，我们应该更加积极地问自己：“这片开阔的水面究竟有什么地方如此吸引人？它会让人联想到什么？除了用‘大’这个词之外有什么更好的词可以形容？”

整个成年时代，罗斯金都对英国人拒绝更有深度地谈论天气而感到沮丧，他们加诸天气的形容词总是“潮湿、风大”。这尤其让罗斯金感觉不适：“在整个喋喋不休的人群中，谁能告诉我，今天中午，环绕着地平线的一大片绵延的白色高山，究竟是何种形状，那峭壁又有何种姿态?.谁看见了从南面照射过来的狭长光束照耀着山顶直至白雪融化、崩流而下形成的像蓝色的雨滴？谁看见了当昨晚阳光不再照耀，被西风吹得犹如凋零的树叶般的朵朵乌云在空中的舞蹈？”

罗斯金曾得意地说，他将天空装进了瓶子里，就像他的酒商父亲将雪利酒装进瓶子里一样小心翼翼。这里有一篇日记，记载了1857年秋天，在伦敦，罗斯金将天空装进瓶子的一天：

11月1日，一个红晕中的早晨，翻腾的云呈现出柔软的红色，云边的红更加鲜艳，接着渐渐变成紫色。灰色的云朵由西南飘来，从其下方向它们靠近。地平线上，飞云和卷云之间则是灰色的积云。多美的一天……远处所有的紫色和蓝色、树丛中迷蒙的阳光、绿色的田野……小心观察那精美的景致，蓝色的天空中散漫了金色的叶子，栗子树纤细而矮小，星星将黑暗衬出。

你穿的那是什么呀

□张怡微

把穿着打扮视为生活中首要内容的人，固然很容易忽视自身价值而看重自己的衣服。但在特定的时刻，不讲究衣着便不足以凸显自己的价值。

一直以来，我都是一个不太会穿衣服的人。每次给学生上课说到服饰，总感到底气不足。我们又赶上了女性不得不“貌美如花”的时代，如果不这么做，就好像成了一个掉队的人。然而，我并不擅长当一个得体的人，只能选择少出门。

印象里有两件事真正改变了我对穿衣服的看法。一是被调侃穿丝袜，当时我并不太介意，直到某个女演员在片场因为穿着丝袜被严重烧伤，引发了我的生理恐惧。

另一件事比较难忘，几乎彻底改变了我的穿衣习惯。那是很多年前，有一次书展，我被通知参加一个大型的朗诵会。我看广告海报里没有我的名字，我也没有收到流程上具体的安排，以为那大概是一场集体活动，我一定可以躲在后面，糊弄过关，就不用搞得很隆重了。

书展最后一天，我穿着非常轻便的短袖、短裤、凉鞋，就等着朗诵会结束后回家了。到了后台签到后，我找了把椅子坐下来，这时候有一些人进来开始化妆，还有一些人手里拿着A4纸，看起来很紧张。我越来越感到不安，但又不知道该做什么好。

此时突然有一位资深作家跟我说：“你来了怎么还不换衣服，你快去换衣服，马上要开始了。”我说：“我没有要换的衣服。”

那位老师非常震惊，但很快就说：“那你快出去买一套吧，你怎么能这样就出门呢？你不是还要朗诵吗？”我说：“我以为是一场集体活动，我不用做什么。”老师说：“电视台会录像的，你要不找个电视台的女孩子换一下，上完台再换回来吧。”

那位前辈还对我说：“你以后出门参加这样的活动，不能穿短袖、短裤、凉鞋，你记得了吗？你妈妈这样就放你出门了吗？……”

随后，我看到了几个也穿着轻便的女生，从包里拿出高跟鞋。离开青春期以后，我就没有感到过如此窘迫，至于发型、脸……根本就顾不上，我很迫切地需要换一套衣服。我茫然地看着四周，所有人都穿得很正式，除了我。而那附近我能想到的店，我都买不起。一直到有一个在门户网站工作的女孩子路过后台，我问她：“你能跟我换一套衣服吗？”她也不太清楚到底发生了什么，但很快说：“好的，那我跟你换吧。”很多年之后，我都无法忘记那一刻的感激。我根本没说清楚发生了什么，我想我一定看起来很糟糕。

我穿着她的红裙子上台，她比我胖一些，所以我总担心裙子会掉下来。令我更不安的是，她穿着我的短裤，根本无法走出厕所。那真是一个糟糕的夜晚，有几位认识的人转头看我，偷笑，也有几位鼓励我“还挺好看的”。

我上台以后，还收到一条短信说：“你穿的那是什么呀？”那是下午陪我一起买书的朋友，我看到他在台下笑了很久，一直没有离去，我希望他快点走。

那年之后，我再也没有穿过短至膝盖以上的裤子，再也没有穿过凉鞋和夹脚拖。每次新皮鞋磨脚磨出血来，我都不会觉得是鞋的问题，我都会想到那个晚上周身的凉意。我依然不会改变发型，依然不会化妆，但我知道我在穿衣服这件事上摔了跟头，决定咬咬牙爬起来。

那个借我衣服的好心的女孩子，很多年后离职嫁去美国，我很久没有见到她，非常想念。那位前辈，后来有一次一起吃饭，我送了她一盒巧克力，我很想谢谢她。那位在台下不愿离开的朋友，很多年后对我说，那是他认识我以来，第一次看到我出丑，突然很想跟我成为更长久的朋友。我请求他忘记那个晚上，因为我后来得体多了，他没有同意。见证狼狈，是不是也是友谊永续的可能性？

后来我到台湾念书，台湾校园对着装比较重视，开会、典礼都需要穿正装。于是我开始买正装，虽然都很平价，但各个季节的都有。我的室友不愿意入乡随俗，说要做自己，我就跟她说了红裙子的故事，说的时候，我自己依然没有越过那道坎，依然感到羞耻和难过。她听得很感动，但依然我行我素。

有一次参加谢师宴，她身着短袖、短裤和夹脚拖就去了，到了门口发现女孩子都盛装，男孩子都着西装，就吓到了。大陆的学生几乎都穿得很休闲，我也是，但那几年因为恪守内心的要求，我至少穿着衬衫、西裤和皮鞋。我俩都有点儿尴尬，但我忍着没说“我早就对你说过”之类的话。我想将心比心，那一刻我也曾熬得很辛苦。

我母亲有一次帮我整理衣服，说："那些夏天的裤子你还要吗？不要就丢了吧。"我不想丢，但也不会穿了。看到它们，我感觉到岁月的力量，我很难否认我想念那个自己，也很难否认我在努力忘记那个自己。

上课的时候，我对学生说"从文化研究的角度来说，衣服是人类的第二层皮肤"时，突然又想起这件事来，很想跟学生分享，最后还是没有勇气。我好像更希望他们能随心所欲地过日子，多一天是一天。

拯救百万婴儿的超级英雄

□马倩茹

我们应该一再坚持我们的贡献，因为，只有这种做法，才能有权利赢得他人的尊敬。

拥有特殊血液，一生献血1173次，凭借一人之力拯救240万婴儿的性命，这位被称为“超级英雄”的老爷子就是澳大利亚的詹姆斯·哈里森。

说起詹姆斯·哈里森为何献血，得从他十四岁时的手术说起。那一年，詹姆斯生了重病，做了肺叶切除手术，足足输了13公升的血才挺了过来。重生后的詹姆斯，对献血者充满感激。当他刚满十八岁，到了献血年龄时，他就跑到红十字会献血，并隔三岔五地去一次。

那时候，詹姆斯就是想做点事回报社会，帮助有需要的人。让他意想不到的是，在他的血样里，医生发现了一种珍稀的抗体，这种强壮的抗体可以有效地帮助新生儿避免因恒河猴症而死亡！

那时候，澳大利亚有一种常见又可怕的溶血病，叫恒河猴症，它常发生在孕妇体内。当子宫内的婴儿为RhD阳性血，而孕妇为RhD阴性血且对RhD阳性血敏感时，就会生成一种抗体，破坏宝宝的血细胞，轻则导致贫血、大脑受伤，重则导致死亡。

每年，恒河猴症都会导致成千上万的婴儿死亡，超过17%的妇女深受威胁。当医生看到妇女们在怀了死胎或生下了残疾的孩子悲恸欲绝时，他们因束手无策而心如刀割。直到那天，医生发现了詹姆斯的血液与手术前有所不同，产生了罕见的RhD阴性血液和RhD阳性抗体的组合，这就是说只要向孕妇注射适量的RhD免疫球蛋白，就有可能在不伤及婴儿的前提下对抗这种病！

这前所未有的重大发现，让医生兴奋不已。按照血袋上的信息，他们联系到了詹姆斯。詹姆斯听说自己的血液这么神奇，激动极了，他感谢上天给予自己一项特殊的使命，让他来拯救那些无助的婴儿。詹姆斯积极配合医生的研究，提供了更多的血液。很快，医生利用詹姆斯血液里的抗体制作出了Anti-D注射剂。当这种注射剂注入孕妇体内的时候，即使对RhD阳性血敏感的孕妇也不会怎么样，宝宝完全不会受到伤害，可以健健康康地活下来！就这样，困扰人们多年的恒河猴症被詹姆斯血液中自带的“特效药”给解决了。

这种抗体真是太难得了，要想制作Anti-D注射剂，只能依靠詹姆斯的血液。从此，詹姆斯开始了每隔两周的高频率献血。同时，一批又一批的Anti-D注射剂被制作出来，被数以百万计RhD阴性血的孕妇体注射后，她们的宝宝得以健康出生。澳大利亚的医学也因此有了改革性的前进，一跃成为最早制成这种注射剂的国家之一。

如今，六十年过去了，詹姆斯成了吉尼斯世界纪录上献血最多的人，澳大利亚人民不仅给了他“黄金手臂”的称号，还给他颁发了各种奖章，包括最有威望的澳洲勋章。可是按照法律规定，今年八十一岁的詹姆斯不能再献血了。5月11日这一天，他来到红十字会完成了第1173次，也是最后一次献血，在献血的半个小时里，詹姆斯感到了从未有过的不舍，他为不能再帮助他人而难过。

这时，一位母亲抱着孩子来到詹姆斯面前说：“詹姆斯先生，虽然我从未和您见过面，但我一直惦记着您，想跟您说声‘谢谢’！”詹姆斯一扫阴霾，脸上露出了笑容。这样的情景在过去的几十年里发生过无数次，每当白白胖胖的孩子出现在他面前，詹姆斯就心花怒放，他为自己而骄傲，也为这些孩子的出生而欣慰。

随着最后一包血袋密封，詹姆斯的传奇人生也告一段落，但是他的慷慨、无私和爱，却随着无数孩子的出生而流传下去，永远不会消散。

擦鞋的女人

□周　伟

哪里不朴素，哪里往往也就谈不上伟大。朴素甚至是伟大必不可少的条件。真理、仁爱、无私，无不彰显着朴实的特质，排斥任何外在的装潢，令人感受到幸福和温暖。

老街的街口总站着一个擦鞋的女人，在她的身旁，有两把半新不旧的藤椅，抹得干净泛光，一尘不染。

小城的早晨，是勤劳而又新鲜的，这个擦鞋的女人也是这样。她一脸微笑地立在晨曦里，迎来送往，大方地和来来往往的行人打着招呼。她不像其他擦鞋的人，不厌其烦地问擦鞋吗？她是问：去上班？去买菜？去送小孩？……很得体，很亲切。

我早早去上班，她见着我，一脸笑，问：上班去？有时，她还提醒我：抓紧点，要迟到了。我一看手机，果然时间很紧，就加紧了步伐。走了几步，回过头去，她也看着我，一脸的友好，满是真诚的笑意，目送着我。

有时，我赶个早提前去加班。她比我还早，见着我，还是那样得体的关切：这么早，吃早饭了吗？我说：太早了，吃不下；要开会，得早早地去做准备。她就认真地说：哦，真忙呀！不过，空腹不好，多少也得吃一点。我点点头，感到暖心体贴，走起路来，脚步轻快，如沐春风。

后来，每回经过她的摊前，我就放慢了脚步。她看到我就笑，然后定定地看着我脚上的鞋。我会意，一屁股坐在她面前的椅子上。她笑着说：早啊！我说：你比我还早呢！她就呵呵笑着，说：老辈人说的——人勤春来早！

然后她埋下头来，认真擦鞋，再无言语。她先把要擦的鞋捧在胸前，在鞋的全身打量，用鞋刷轻轻地刷去尘土，不急于上鞋油，而是用一个小喷壶对准皮鞋面喷潮，再用另一鞋刷蘸点儿鞋油，在潮的地方打着圈把鞋油涂均匀，然后从鞋尖部位开始擦，一点一点地往后。擦完一只再擦另外一只。两只鞋擦完后，她重新擦一遍，和上次打圈擦不一样，这次是直线来回擦。最后换软棉布擦，棉布缠在右手上，四指并拢用力向外撑，飞速地来回，啪啪啪的，声响如歌……

她擦出来的鞋，一尘不染，油光锃亮。她还要把每双鞋的鞋带都要解下来，揉在手心，用洗衣液浸了，再用清水冲洗干净。然后，她手执鞋带一端，抻开，在空中甩得啪啪作响，一下又一下。只几下，鞋带就甩干了，洁净似新。

接下来，她帮我系鞋带，执带似丝，穿孔如飞，左手内扣，右手外扣，绕一圈，左手抓右绳，右手抓左绳，绞花一般。最后用力一扯，成了：好一个大方美观的蝴蝶结！

一看，很好，美丽在我的鞋上，幸福在她的脸上。

这时，她抬起头来，再用手摸摸我的鞋面，无一丝灰尘，又轻轻地向鞋面上吹一下，再摸一下，舒口气，她轻轻地抚一下自己额头上的秀发，站了起来。晨曦中的她，朴素得体，脸上红润，健壮生动，让人感觉到一份真实的美丽。

后来，不经意地和她聊天，听她聊起她的家乡、孩子和她的工作。她说在这儿擦鞋，一擦已是二十多年了。二十多年来，擦鞋挣钱、养家糊口，把儿子送进了高中，送进了大学，直到参加工作成家立业。她说，儿子现在在广州打拼，创业办了个小厂，还红火着……

我说：擦了这么多年鞋，你现在也该回去享享清福了。她说：也是的，儿子好几次都要她去带孙子，说一家人在一起比什么都好。我说：那当然，去吧。她却没有接话，过了一会儿才说：我是劳碌八字，动惯了，做顺手了，还真是一时半会儿歇不下来……

她没有说下去，我也没有再劝下去。她低下头，一丝不苟，双手在我的鞋面上飞舞着，美丽着。

我每回见她捧着鞋的样子，就像捧着一个宝贝似的，全神贯注。有一天，我听得真切，她竟自言自语地说：鞋啊，不是你穿着它走，是它带着你往前走呢！

一个夏天，在老街的街口，我没见着她。我四下里张望，还是不见她的影子。那个早晨，无风，闷热，还有些焦躁不安。接下来几天，仍然不见她出现，没有她的老街街口，仿佛少了一道风景。

后来，我终于听说，这个擦鞋的女人终是经不住儿子的软磨硬泡，到儿子工作的城市带宝贝孙子去了。

起先两三年，她整日忙忙碌碌，在儿子宽敞明亮的家里逗小孩、喂养小孩，做饭、做家务。每到节假日，大小一家人逛商场、游公园、下馆子，她却免不了一双眼睛滴溜溜地盯着过往行人、游人、顾客的脚上看。后来孙子进了幼儿园，她闲着无事，一日，竟背着椅子、操着家什上了街，又在一条大街的街口摆起了擦鞋的摊子。不巧却被城管逮个正着，让儿子去领人。作为堂堂公司总经理的儿子颇感蒙羞，破天荒在老娘面前发了大火。

再后来，她又回到了老街，还是风霜雨雪里立在老街的街口，一脸笑，勤快、整洁、生动、阳光。

远远地见着我，她似见了亲人一般，说：好久好久了，人也蔫了，手也生了……她注视着我脚上的鞋。我有些尴尬，不好意思地也瞧了瞧自己邋遢的鞋，说：早该擦擦了！

她把我的鞋捧在手上，又一丝不苟地擦起鞋来。擦好了，抬起了头，兴奋地对我说：鞋不擦不亮，人不勤不精神！

我频频点头称是。望着晨曦中的小县城，有几分美好、清丽和诗意……放眼打量，自己好久没有注视这近处的风景了。

拍摄世界的银行家

□刘植荣

历史上总是一次又一次地出现一些对过往进行严肃记录和反思的人，他们从中获取力量，并将这种力量传给后来者。这样的记录和反思注定会进入历史，让人类对自己有更多的了解。

1860年，阿尔贝·卡恩出生于法国一个犹太家庭，父亲是家畜交易商，母亲是家庭妇女，他是家里四个孩子中最大的一个。

卡恩十六岁时到巴黎顾德绍兄弟银行任职。他白天上班，晚上到夜校补习高中课程，辅导老师是法国大名鼎鼎的哲学家——1927年诺贝尔文学奖得主亨利·柏格森。拿到高中文凭后，卡恩进入巴黎高等师范学校学习。1881年大学毕业后，他很快在知识分子圈子中小有名气，除了哲学家柏格森外，他还结识了法国雕塑家奥古斯特·罗丹、法国画家马蒂兰·梅厄等众多文艺界知名人士。

在银行业务方面，卡恩精于股票交易，为银行赚了不少钱。他因此很快成为银行的主要合伙人，并于1898年开办了自己的银行。

卡恩在银行业务中赚取了巨额财富，便在巴黎西部的布洛涅-比扬古购置地产，建了一个世界公园，里面辟有法国、英国、日本等国家风格的园林。卡恩经常在世界公园组织法国乃至欧洲知识分子聚会。

1909年，卡恩在他的司机兼摄影师阿尔弗雷德·迪泰特的陪同下到日本出差，路上拍了很多照片。看着这些照片，卡恩产生了一个想法：到世界各地拍摄照片，建立“地球档案”。于是，他指派法国摄影师让·布吕纳负责这个项目，先后雇用了斯特凡纳·帕塞、奥古斯特·莱昂等11名摄影师，到各大洲拍摄。

卡恩的团队是从1914年开始拍摄法国的，但拍摄没几天第一次世界大战就爆发了，他的摄影团队便拍摄了大量战时照片，有战争带来的毁灭，也有战争中农民继续耕田的场景。

一百年前，摄影是一项奢侈的活动，平民百姓是玩不起的，况且卡恩的“地球档案”项目要雇用很多摄影师到世界各地拍摄，工资和差旅费支出也相当可观。由于在拍摄“地球档案”上投资巨大，卡恩难以抵挡“大萧条”（1929年至1933年，人类有史以来最严重的经济危机）的冲击，他的银行破产了，“地球档案”拍摄工作在1931年停了下来。

1909年至1931年的二十二年间，卡恩的“地球档案”项目先后雇用了11个摄影师，在50多个国家拍摄了7.2万张彩色照片，用掉了183千米长的胶卷，记录了这些国家的建筑、社会、环境和生活方式等方方面面的情况，另外还拍摄了4000多张黑白照片。

1936年，他位于巴黎的世界公园抵债充公，但他仍可在里面居住。1940年11月14日，阿尔贝·卡恩满怀遗憾地去世了，这个曾经在欧洲有名的富豪，既没留下金钱，也没留下房产，留下的是7万多张照片。卡恩留下的这些照片的价值无法用金钱衡量，它们把50多个国家的特定阶段的历史定格在胶片上，永恒保存了下来。

用文字书写的历史并不可靠：可以把小偷写成绅士，也可以把拯救者写成刽子手，可以把真相掩盖起来，可以无中生有捏造历史。但照片是铁的历史，能最大限度地呈现历史事实。

1986年，法国政府在卡恩原来的世界公园建立了阿尔贝·卡恩博物馆，里面主要展出卡恩的“地球档案”照片及胶卷。

寂静生活里的一颗心

□惟　念

有自我的人走到哪里都找得到自我，而孤独的人无论和谁在一起都还是孤独。

帕特里克来自瑞典，是四年前我在广州旅行时认识的朋友，彼时他饱受抑郁症的困扰，婚姻潦草结束、没有子女，心灰意冷地开始满世界旅行。尔后我们通过社交平台保持微弱的联系，通过他发布的状态，我得知他在一座中国北方小城定居下来，除了教幼儿绘画外，还开设了公益的舞蹈与心理沙龙，日子过得丰富多彩。

二十六岁生日的夏天，我送自己一趟远途旅行，像投掷标枪般来到帕特里克定居的那座近两千公里外的北方城市，从火车站走出的瞬间，便被周围空旷、辽阔的气氛震慑住。

当晚走路去看亚洲最大的喷泉，一小时路程内擦肩而过的行人不超过五位，身穿短袖的我冻得瑟瑟发抖。沿途没有便捷密集的公共交通，也没有24小时恭候的便利店，又冷又饿的我一路心悬着，完全没有了在上海深夜11点仍骑车回家的潇洒姿态。

翌日中午，来到约定的餐厅门前，等候多时的帕特里克起身将我紧紧拥住，他比从前更瘦，头发开始花白，眼角深深刻着几道皱纹。别离的日子里，彼此的生活中都发生了许多变化，我们迫不及待地与对方悉数分享，讲到口干舌燥仍意犹未尽。

"难以想象，你如何在这样一座没有多少人能说流利英语的小城定居下来，公交车四十分钟一班，大型超市寥寥可数，一座座住宅区内夜晚也鲜有亮灯。这里是媒体口中的'鬼城'，远离家人的你难道不会感到孤独吗？"

面对我的抱怨，他笑笑："四年前你离开广州后，我也去了泰国、越南等地，回过瑞典森林中的家小住，后来返回中国，机缘巧合之下认识了一位幼儿园园长，她坚持要我来这里看看，没想到的是，我一来便爱上了这儿，遂定居在此。”

与他对坐的我目瞪口呆，无法想象从北欧优渥之城而来、看过灯影繁华的他，如何平息那颗躁动的心，在这儿默默过起寂静简单的生活。

“说来你可能不信，我在瑞典时才觉得更加孤独，每天需要花费许多精力来与低落的情绪对抗，与想要自我结束的念头对抗。这里于我而言是缘分，它足够安静、疏离，能让我自在思考，也让我强烈感觉到熟练掌握的技能被需要的快乐，无论是英文、画画，还是舞蹈。”

那个凉爽干燥的下午，他推着老式自行车陪我走了两公里去买蛋糕，我们笑着、闹着，珍惜此时此刻的快乐。

“尽管我今年六十岁，仍觉得自己是彼得·潘，而此地就是我的‘永无岛’，也许我会住到死去，也许明天就离开，但我已经做好面对所有变故的准备。”

有自我的人走到哪里都找得到自我，而孤独的人无论和谁在一起都还是孤独。我们在路口道别，他骑车的背影逐渐隐没。我有些鼻酸，对着风里大喊“祝你平安”，期待下次碰面不必再等四年。

秋水芙蕖，倚风自笑

□步非烟

视功名富贵如浮云，有固然好，失去也无不可。终生不见蝇营狗苟，终生不见阿谀逢迎。天下山水，尽在胸中，天光云影，自在徘徊。做到这些，自能如秋水芙蕖，倚风自笑。

神龙二年（公元706年），李白生，王维已六岁，距离《唐才子传》称“九岁知属辞”，仅三年。先天元年（公元712年），杜甫生，王维已十二岁，距离整装赴长安，亦仅三年。

唐玄宗开元四年（公元716年），王维十六岁，客居长安，交结名流，正是青春年少，风流俊赏。开元九年（公元721年），王维二十一岁，是春，高中状元，解褐为太乐丞，诗名已动于天下。此时，李白十五岁，初作《明堂赋》；杜甫仅九岁，始习大字。

此时，距离那段群星毕集、文采动古今的岁月，尚有数年的时间。数年时间内，盛唐明月空照耀，曲江春色待人来。长安的诗酒繁华、太平盛世中，便只此一人，风流独占。

他是魏晋流传至盛唐的最后一段风流，诗画双绝，风流绝尘。王维曾自云：“当代谬词客，前身应画师。”然而他所绝的并非只是诗画，音律琴曲在他手中亦是出神入化。相传，王维曾与人欣赏《按乐图》，一时乐工皆不解图中之意，王维笑而指曰：“此霓裳羽衣曲第三叠初拍。”众人查对乐谱，果如所言，一时叹服。

更为传奇的，却是《集异录》中所载的小说家言。开元九年，王维赴举应试，却听闻状元已内定，这位王氏少年心高气傲，不愿屈于人下，通过岐王面见当时势焰绝伦的九公主。王维此时年方弱冠。史载他“妙龄白皙”，风姿美曼，于歌伶簇拥下，在公主府邸弹奏一曲《郁轮袍》，情声哀切，举座为之动容。九公主倾倒其风仪之下，得知自己时常讽颂的名篇亦是出自这位翩翩少年之手，更为惊叹。后来发生的一切，颇似前朝武则天故事，公主夺锦袍而与其人，王维此年高中榜首。

一曲而倾倒天下，那是怎样的风流？由是不禁想，那些史书所不能承载的传奇又有多少？有多少的琴音，有多少的仪容，有多少的美谈，在长安风月中消解，不能为我们所了解、追忆。有多少风流湮没在画卷不能承受的生动中，化为历史的尘埃，只留下一个名字，一个让我们无尽想象的名字——王维。

这个人，曾戎马边疆，铁衣紫尘，见惯大漠孤烟、长河落日的荒凉。“试拂铁衣如雪色，聊持宝剑动星文”是他的激情洋溢，“一身转战三千里，一剑曾当百万师”却是他的豪迈沉雄。

这个人，曾旅居京华，长安群彦无不拜服。多少名动天下的才子，都读着他的诗篇长大。“云里帝城双凤阙，雨中春树万人家”是他的雍容优雅，“九天阊阖开宫殿，万国衣冠拜冕旒”便是他的鼎盛气象。

也是这个人，曾弃置繁华，逍遥尘世，终日与山水相对，于是天地大美皆融入他的诗篇。“行到水穷处，坐看云起时。”“人闲桂花落，夜静春山空。”如果说，七言之体中，他仅是唐代巍峨群山之一，是高峰到来前的重要先驱，那么论及五言，他无疑已站在了艺术顶峰。正如杜甫的《秋兴八首》已超出了时代，是对唐诗的伟大贡献，王维的辋川组诗也是。

也是这个人，自从爱妻死后，再未续弦，独自于辋川别业中，参禅向道，孤居三十年。静参佛法，是文人的一种雅兴，也是对亡妻的一种追怀。这份深情，对于一个风流俊赏的士族公子、一位才华纵横的诗坛宗匠，又是何等难得。

“取次花丛懒回顾，半缘修道半缘君。”写出这句诗的，是后世的元稹。言虽恳切，人却薄幸，已成为文人言胜于行的典范。亲身做到的，却是王维。

相对李白的布衣傲王侯，岑参、高适的行旅生涯，杜甫的终生干谒，王维显得萧然冲淡很多。功名富贵于他真如浮云一般，有固然好，失去也无不可。终生不见蝇营狗苟，终生不见阿谀逢迎。天下山水，尽在其胸中，所以写出来的诗句也无限清和，天光云影，自在徘徊。故《诗人玉屑》中评王维：“秋水芙蕖，倚风自笑。”

风神萧散、神仙姿态，却又雍容沉静、气势浑融，这便是魏晋风流与盛唐气象最完美的结合，是中国古代文人最完美的人生典范。

我们已忘记追着月亮跑

□章铜胜

最终能让我们哀愁的，往往不是尘世的遗忘，而是内心之海不再汹涌，潮汐退却，只剩下琥珀色的期待和希望。

我们都曾追着月亮往前跑。但我们大概都已忘记自己曾经追着月亮往前跑。

对于多数人来说，追着月亮往前跑，仿佛是从未发生过的事情，或者说那是已经久远得早就该忘记的事情。而我，却常喜欢纠结在这些久远得早该忘记的事情上，自寻快乐。

在皖南山区休宁县一处园艺场实习的时候，是冬天，学习给梨树修剪。在冬天，为梨树修剪，是为了剪去梨树一年来所长出的多余枝条。梨树有点傻，不懂得节制，有了阳光、雨露和肥水，就高高兴兴一个劲儿地疯长。不只梨树如此，许多果树，许多植物都如此，它们那样单纯地享受生长的快乐，心无旁骛。梨树多余的枝条在明年春天会消耗肥水，影响开花结果。我们剪去梨树多余的枝条，为它剪出一个更合理的树间结构，使它能更好地生长。在为梨树修剪的时候，我们甚至会预见，它的哪些枝条会向哪个方向生长，哪些枝条会在明年开花并挂上果子，这是一项有趣的工作。

白天，同学们在树上忙了一天，累了。到了晚上，大家早就休息了。而我却喜欢一个人跑到宿舍中间的一块空地上站一会儿，发会儿呆。空地周围堆放着许多剪下的梨树枝，那块围满乱枝的空地，像是一座空无一人的城堡，我在城堡中间东张西望，这很有趣。

不一会儿，月亮升起来了。我站在空地中央惊呆了，在黑黢黢的山影之上，月亮白白嫩嫩的。我没有见过这样白嫩的月亮，我不知道月亮也可以这样白嫩，像刚剖开的半片雪梨。月亮看见了我，大概也愣了一下，好像不知道要继续上升，还是要退回山的后面去，正犹豫着。

我怕月亮会再躲到山后去，就向着月亮走去，在月光地里追着月亮走，像是在一条月光流淌的河里，顺流而下，越走越快，到最后只能是跑了。我往前走，月亮也往前走；我往前跑，月亮跑得更快。月亮就这样引诱着我，引诱着我向它走去，向它跑去。

山间的小路像一条蜿蜒的河。在白天，我只知道那条小路是灰白的，而在夜里，在如水的月光里，路是清澈的。路也可以像一条河般平静、清澈。你踩在上面，影子像是顺着河水漂流的一叶扁舟，轻盈地浮在一片月光之上。

路的前方有一条河，我不知道河的名字，河面比我脚下的路略低，也比我想象的要宽，在山区很少能见到这样宽阔的河。那是我记住的一条无名的河，它那样白，那样静。此时，看这条河，应该是它最美的时候。

月亮刚从东边的山上升起来，我向月亮跑去，横在我和月亮之间是河的一段，从这个角度看它恰好。河的源头一定藏在某处山谷里，它的去处一定在我无法看见的远方。我远远地看着，那一段河如夜色中横放在我面前的一柄白色玉如意，静止、安详。无名的河，像我脚下的这条路，只是它更白、更宽。我停下了脚步，不敢再往前跑了，怕惊醒了如睡美人般的河，也怕惊醒了东边山上的月亮，怕它惊醒过来，怕它被我追得急了，就匆匆地赶路，越过中天，落在西山，我就再也追不上了。

更早的时候，我在村庄的月亮地里，也和同伴们一起追过月亮，追着月亮疯跑。那一晚，月亮一定也跑累了，打着瞌睡，在村庄的树影间，摇摇欲坠。

真想追着月亮往前跑，跑累了，回家做一个清澈如月光的梦。

化学的终极语言是诗歌

□汪　洋

我们应该把生命看成一个宇宙，它应该接收来自各方的滋养。找到各种元素精妙的契合点，让它们互相冲撞、互相激发，生命的宇宙自然会变得宏伟而壮美。

美国康奈尔大学终身教授罗阿尔德·霍夫曼，在四十四岁时获得了诺贝尔化学奖。当时，有记者追问获奖原因，他并未给出具体答案。

几年后，当他的又一本诗集《间隙与边缘》出版时，他的朋友，国际量子分子科学院院士皮卡说："也许化学的终极语言，应该是——诗歌。"这话，说出了霍夫曼杰出的奥秘。如今，他已出版数本诗集，被誉为化学诗人。

霍夫曼对诗歌的钟爱，始于童年。1937年，他出生在波兰，此后不久，他和家人就与所有波兰人一样，沦为德国纳粹的阶下囚。霍夫曼的父亲以牺牲自己为代价，买通了看守，让儿子和妻子逃出集中营，在一所学校简陋的图书室里躲藏。

随后18个月，在这片狭小天地里，为了不让霍夫曼的生活枯燥无趣，母亲从乱糟糟的书堆里翻出几本诗集，每天读给他听。优美的诗句营造出神奇的意象世界，帮霍夫曼赶走了逃亡阴影。从此，他和诗歌有了不解之缘。

1949年2月，历经千辛万苦，霍夫曼全家来到美国纽约。童年的艰辛让他特别珍惜求学机会，仅用三年时间就取得了化学专业学士学位，而后进入哈佛，攻读博士学位。

二十五岁那年，霍夫曼入选哈佛大学研究会，不久发现并提出了周环反应的分子轨道对称守恒原理。二十八岁时，他进入常青藤名校康奈尔大学任教，三年后从副教授晋升为正教授。

当所有人以为霍夫曼会潜心科学研究时，他有了另外的癖好，不务正业地写起了诗歌。面对质疑，他不为所动，只因童年母亲读诗的声音，总回响在他的心灵世界里，让他不能自拔。

其实，早在读本科时，霍夫曼就选修了著名诗人范道伦的诗歌阅读课。他有个愿景：将科学和人文艺术统一。他认为，两者都涉及创造行为，需要手艺，才能干出漂亮活儿，并且都关注细节。这种认识，让他更深地体会到化学的趣味。他觉得，通过诗歌可以呈现看似枯燥的科学隐喻，让世人一目了然。

1977年，霍夫曼发表了第一首诗，咏叹原子世界，并做出哲学反思。在康奈尔大学，他结识了自然哲学家兼诗人安蒙斯。他们邀约诗歌爱好者每周聚会，朗诵新作，互相点评。遨游在诗意世界里，霍夫曼的想象力愈发丰富，在化学研究上更是脑洞大开。1981年，他获得了诺贝尔化学奖。

此后，人们惊讶地发现，霍夫曼开始热衷于写剧本了。其创作的《氧：关于“追认诺贝尔奖”的二幕话剧》声名远播。他还写了两本非化学专业著作：《罗纳尔德·霍夫曼论化学之哲学、艺术与科学》和《超越局限：艺术和科学中的崇高感》。

霍夫曼曾笑言：发表诗歌比论文难多了，科学论文杂志的投稿接受率通常在30%~50%，而文学杂志的投稿接受率不到1%。可再艰难，也未能挡住他的步伐。他说：“我写诗，是为了洞悉周遭世界，是为了领会自己对世界的反应。”或许正是这种“领会”让他成为唯一拿遍有机化学奖、无机化学奖、纯粹化学奖、美国化学会最高奖的学术大家。

一些看似不务正业的举动，或许会助力“正业”打开玄妙之门。找到精妙的契合点，我们也可能成为另一个霍夫曼。

寻找梭罗

□路 也

把一切不属于生活的形式剔除干净，使物质生活“简单，再简单”，能够更真切地把许多事情放下，一个人的心灵将会更富有。

路上没什么人。沉睡谷一下子就走到了。众多墓碑一望无际。这里不像人间，像天堂。植物繁茂，鲜花盛开，不但没有一般墓园里的凝重气氛，倒有些喜气洋洋，阳光明媚，天空高远纯净，呈拱形，仿佛一下子就看到了天国穹隆的蓝玻璃。

我几乎是把墓碑一个一个考察过去，看着上面的字，寻找梭罗之墓。许多墓碑上的字已经完全模糊了，相当多墓碑竟都是三四百年前的了。

我避开所有华丽高大的墓地，知道那不可能是19世纪作家、《瓦尔登湖》的作者梭罗的。一个发现极简生活的价值和意义的人，认为多余的财富只能买来多余东西的人，他不可能死后睡在一个繁杂和堂皇的地方，否则便成了自我讽刺。

爬上一道岭之后，终于远远地看见那另一面山谷里停着一辆红色轿车，我感到有救了，就从坡岭下到那谷地里去，朝着轿车走去。等我走到车窗前，朝里细看，看见里面坐着一个老头，天，他看上去至少有一百一十五岁了，我发誓我活到现在还不曾见过比他更老的人。他脸上的皱纹呈沟壑状纵横分布，像科罗拉多大峡谷。

他表示自己并没有去过作家墓地，但知晓大致位置。他说：“有点远，上车吧，我载你过去。”真是谢天谢地，天上掉下个领路人，我毫不犹豫地打开车门，坐上了副驾驶座。

这个看上去至少有一百一十五岁的老头车技不错，载着我行驶在墓地的匝道上，一边开车一边跟我聊天，他的声音苍老得像从千年老树那空空的树洞里发出来的。

车子绕过一道低平的岭，进入另一个很开阔的谷地之后，又直接开到对面的小山坡前，停了下来。这时正好有一个戴墨镜的瘦高女人要往坡上走，老头说：“这附近就是了，你跟上前面那个女人，她肯定也是来拜访作家的。”我道了谢，下车，快步跟从那个女人上了小山坡。

小山坡其实很矮，几步就上去了。待我定下神来，回头望去，偌大一个谷地里，竟全无老头和红色轿车的踪影了。朝着更远处的来路眺望，一直望到尽头，也无影无踪，莫非刚才我经历的全是幻觉？我心里咯噔一下……

山坡边缘，一上来就看到一个指示碑，显示着这里到了梭罗家族的墓园。墓园占地极小，只有五六块矮小石头，随意零落着，每一块上面竟都没有出现“Thoreau（梭罗）”这个家族姓氏字样，究竟哪一个才是要找的呢？忽然我发现有一个极小极矮的碑上面刻了“Henry（亨利）”，而且从正面到反面，从上到下，通体什么文字都没有，也只是刻了这一个“Henry”。梭罗的全名不是亨利·戴维·梭罗吗？这应该就是梭罗的墓了。紧挨着的旁边那个相似的碑上只刻了“John（约翰）”，John不正是梭罗的哥哥的名字吗？所以，这个只刻了一个“Henry”的地方，是梭罗之墓，必定无疑。

听说过他的墓地很不起眼，待到眼见为实，还是大大出乎意料，竟然这么小，不起眼到了几乎可以忽略不计的地步，不小心就会错过。只是紧贴地面，竖插上一块白色石头，看上去只有一本16开本的文学杂志那样的面积和体积，时光的斑驳和渍迹，又使之看上去像一本发霉的旧书。他的墓地几乎没有结构，比一个鼹鼠洞穴还要隐蔽和卑微。这应该是全地球最简陋的墓地了吧，完全可以用寒碜来形容。碑的上沿和地面摆放了几支颜色鲜艳的铅笔，或许是由于曾经帮助他的父亲做过铅笔生意，他自己也发明过一款好用的铅笔吧。

这正符合他的心灵和期许。他曾经在书里嘲笑过异教徒的华丽寺庙，质疑过作为法老坟墓的金字塔，他还说：“一个国家锤击下来的石头大都用在它的坟墓上。它活埋了它自己。”对于那种以锤打的石料数量来谋求不朽的行动以及这行为里所包含着的荒唐的野心，他不止一次表达出蔑视。

想起他说过的，要把一切不属于生活的形式剔除干净利索，要把生活逼到绝处，要使物质生活“简单，简单，再简单”，“一个人越是有许多事情能够放下，他就越富有”。

往年的松针铺在地上，已经有了均匀的一层。地面上还有隆起并裸露出地表的大树根，粗壮，坚韧，已成了土质路面上的一部分，人踩在上面，觉得十分自然——这些树根伸入地下，又拱出地表，接着再潜入地下，这样交替着延伸，是否可以把地下的信息带到地上来？可以探测并感知到那个人的肉体与灵魂吗？

这里埋着一个中等身材、健壮敏捷的人，他有又大又深的蓝眼睛，有清瘦的面孔和蓬乱的发须，喜欢低着头走路，观看花朵、落叶和印第安人留下的箭头。这里埋着一个从未结过婚的人，他最终只与大自然真正地亲昵。这里埋着一个没有正式职业的人，他教过书，制作过铅笔和玻璃纸，做过土地勘测员，最终他只是大自然的一位亲兄弟，一位采浆果的远足队队长。这里埋着一个会写诗、写散文、写不服从的文章的人。这里埋着一个哈佛毕业生，他热爱荒野林地，死于荒野林地，他在数树木年轮时不小心着了凉，引发了多年的肺结核，最终不治身亡。

梭罗之墓的对面，相隔大约五米，就是《红字》的作者霍桑之墓；再往东二十米，就是《小妇人》的作者奥尔科特的墓；再往东一点，就是爱默生的墓了，离梭罗大约有五十米。作家们生前交往，死后也聚在一起。

他在比我现在还小两岁的时候，就死去了。他在活到三十四岁的时候，稍稍展望过自己下一个三十四年的人生。但他并没有料到，他接下来没有再活上三十四年，而只是又活了十年。就这样，他把前半生过得简洁有力，后半生干脆省略了。

按照梭罗的理解，人类的身体是不朽的，死去的人的形体仍然躺在四周的群山和田野里，构成人类躯体的物质顶着另一个名字而存在。那么，从这狭仄微小的墓碑抬起头来，望向山坡、树荫、花丛和草地，再联想到两三英里之外的瓦尔登湖以及更遥远的新英格兰的荒野，到处都有梭罗的形影，梭罗无处不在。

所有的迷人之处皆是秘境

□谭山山

在不怎么样的平凡人生中，努力找出快乐而活下去，这是一种积极的生活态度。我们也可以借用它来看待秘境：秘境并不是越新奇才好，在日常中找到并享受秘境才是高手。

秘境可以是实境——人迹罕至的荒野、沙漠、冰川或原始森林，总之就是探索频道和冒险家贝尔·格里尔斯会带你去探寻的地方；秘境也可以是虚境——你可以称之为桃花源、香格里拉、乌托邦、理想国、秘密花园、彼得·潘的梦幻岛、爱丽丝的镜中世界、哈利·波特经由九又四分之三站台进入的魔法世界，甚至是道格拉斯·亚当斯笔下的宇宙尽头的餐馆。

秘境可以很远——茫茫宇宙，未知的东西实在太多了，比如，是否有另一个宜居的星球；秘境也可以很近——就在你所在的城市，就在你的身边，你总会有属于自己的隐秘小天地，比如一块（你以为）只有你知道的绿地。

秘境可以指向过去——月光下的罗马斗兽场、被热带丛林包围的马丘比丘、梁朝伟诉说心事的吴哥窟的那个树洞；秘境也可以指向现在——比如，有些广州年轻人总是忍不住想潜入已经荒废的“世界大观”以及它附近的“航天奇观”，因为它们是童年记忆的一部分。而最大的秘境，可能是人类的思想和内心，正如葡萄牙诗人佩索阿所说：“我的心略大于整个宇宙。”

也因此，阅读体现人类思想和内心的作品，可能是到达秘境最快捷的方式。打开一本书，你就进入了它所塑造的世界。

秘境因人而异。对于梭罗来说，位于瓦尔登湖北面、他自己搭建的小木屋，就是让他与尘世隔绝的秘境。有人不以为然地宣称梭罗过的是假隐居生活，理由是：他的小木屋距离最近的邻居不到1英里，而他的老师爱默生的居所、他父母的居所，也都在散步可达的范围。

据说有一个关于梭罗的著名段子。爱默生先生或夫人一旦摇响晚餐铃，梭罗就从林中猛冲出来，手里拿着餐盘排在队伍最前面。然而，只要他保持着“生活在别处”的姿态，不论他离所谓尘世的距离有多近，他都是超脱的。正如他所说：“我独享太阳、月亮和星星，还有我那小小的天地。”

秘境有时候可遇而不可求。作家骆以军的《三万呎高空》一文描述了一个朋友的一段奇遇。那是一趟从巴黎飞回香港的航程，那天恰好是中秋，半夜两三点的时候，从某一个梦中醒来，他被舷窗外的光辉场景所惊吓：

飞机机翼，像浸在某种薄荷调酒中的薄冰，一整片晕染着一种如梦似幻的青色，边沿则镶着一条非常耀眼的银色。在它们下方，是一整片云海，并没有平日自飞机上所见云层上的世界那些城堡状或鱼鳞状的参差……而像是宁静的大海，整片延伸到没有尽头的远方，重点是那一整片无边无际的云之海，也全笼罩在一种青色的冷光里。

时间像静止了。他们的飞机，似乎不动地悬浮在这一片非人间景象的积云层上方一点点。他那时想到宫崎骏的《红猪》。那个被这般景象震撼的朋友不禁自问：我是不是死了？这是不是死后的世界？“我看到了神的视觉才能看到的美丽景观。”对于这个人来说，这就是他所经历的最神奇的秘境。

秘境需要发掘。英国学者阿兰·德波顿在《旅行的艺术》一书里写道：“只有那些世界的角落已经被艺术家们描画或描写之后，我们才会有兴趣去探索它们。”他指的是英国那些被认为有如画景观的地方。18世纪之前，英国乡村的大部分地区并没有吸引人们的目光。那时的英国有钱人喜欢到国外旅行，意大利最时尚，尤其是罗马、那不勒斯及周边乡村。直到描绘英国风景的艺术作品渐成气候，英国人不愿游历本岛的情形才开始改观。

与村上春树以及造型师吉本由美同属“东京鱿鱼俱乐部”的摄影师都筑响一在他们三人合著的《地球的迷失法》一书中写过一段话：“在不怎么出名、看起来不怎么好玩的地方，努力找出有意思的事情，尽可能享受那里的生活。在不怎么样的平凡人生中，努力找出快乐而活下去。我相信，这两者的态度之间，几乎没有区别。”这是一种积极的生活态度，我们也可以借用它来看待秘境：秘境并不是越新奇、越稀罕才好，在日常中找到并享受秘境才是高手。

旅居日本多年的英国作家阿兰·布斯通过徒步的方式观察日本。他会告诉读者，不要像游客那样从空中俯瞰京都，因为“它电线交错的天际线，与日本其他规模差不多的城市所呈现的景观，没有什么不同。它的丑陋只会让你受到冲击”。而应该扎到城市深处：“日本都市的迷人之处——如果真有迷人之处的话，在于大街小巷之内包含的隐秘地点，而非整体的景观。京都很‘美丽’，因为在它的巷弄之间隐藏着美丽的事物。微妙的微小细节抗拒着周遭的杂音，需要一辈子来挖掘它。”

确实，一辈子保持寻觅秘境的好奇心，这样的人生会不会比较充实？

发现秘境有很多方式，请找出你自己的那一种。

王阳明很励志，唐伯虎就很颓废吗

□关山远

每个人的生活态度可以不同，甚至大相径庭，但一个人之所以重要，之所以被铭记，一定是因为他曾经做过什么。积极去做一些事，人生才真正开始。

唐伯虎和王阳明同处一个时代。从历史地位来说，如果说王阳明是划过长夜耀眼的彗星，那么，唐伯虎可能只算是流连于花花草草之间的一只寒萤。但后人眉飞色舞谈论更多的是作为风流才子的唐伯虎，却很少有人知道，天下还有一个叫王阳明的人。正所谓：古来圣贤皆寂寞，唯有饮者留其名。

王阳明生于1472年，仅仅比唐伯虎小了两岁，浙江余姚人。唐伯虎是江苏苏州人。两人少年时代就皆有才名，唐伯虎更是被誉为“神童”。但这两位江南才子，却最终走向了完全不一样的人生之路。

在那个年代，人生都被设计好了：科举，然后入仕。唐伯虎当然是对自己颇有信心的，他天资聪颖，十六岁就考中府试秀才第一名，轰动了苏州城；二十九岁参加乡试，再获第一名，从此人称他“唐解元”。

1499年，二十八岁的王阳明在连续两次科考失利之后，第三次进京参加了会试，发挥出色，榜上有名，赐二甲进士第七，从此走上仕途的道路。同年参加会试的唐伯虎，却因被牵连进“泄题案”，身陷科场大狱之灾。

考生进京赶考，通过各种关系然后结识主考官员，这是当年的潜规则，但唐伯虎和与他同行的徐经却被举报了。为什么被举报？此二人过于张扬，俨然摆出此次大考非我莫属的派头，得意便猖狂，有才华有名气却不懂低调，终于被人抓住把柄。这正是唐伯虎此后郁郁不得志的关键之原因：交友不慎，为人轻狂。

当王阳明开始自己的官员生涯时，这场科场大案处理的结果随即也下来了：徐经、唐伯虎均遭削除仕籍，发充县衙小吏使用。

相比于唐伯虎，科场春风得意的王阳明，却面对着更可怕的挫折。当时权倾一时的大太监叫刘瑾，他大肆逮捕反对自己的大臣们，时任正六品的兵部主事王阳明实在看不下去，上疏要求释放这些正直的官员。但不知为何这封举报信落到刘瑾手上，刘瑾大怒，假传了圣旨，结果王阳明被责40杖，贬谪至贵州龙场当驿丞。

王阳明拖着被打得血肉模糊的身体，在前往贵州的路途之上，又遇到了太监刘瑾派来的杀手。王阳明选择假装跳水自尽，最终躲过一劫。

同样遭遇了人生的大起大落，唐伯虎的表现却是跟王阳明完全不一样的。唐伯虎有一颗骄傲的心，他坚决不去干那个县衙的小吏这样的职位。唐伯虎归家后夫妻反目，自己开始消极颓废，筑室名“桃花坞”以自娱，从此就开始玩世不恭、游戏人生。

王阳明显然有一颗强劲的心，既然被贬去贵州，那就去吧。他逃过刺客追杀，后来又在舟山遇到台风，差点命丧在海上，但仍然去上任了。当时的贵州龙场，“万山丛薄，苗、僚杂居”，闭塞落后。他根据风俗教导当地人开化，受到了当地民众爱戴，就这样慢慢扎下根来。

让后人感慨的是，王阳明性格的执着与他解决问题超凡的能力，完美地结合在一起。在他成为一代大儒之前，读书人十分注重宋儒朱熹的经典著作，朱熹强调“格物致知”，所谓“物有表里精粗，一草一木皆具至理”。王阳明在少年时，对此身体力行。有一次他决定穷竹之理，就安静地守在竹林中，“格”了三天三夜的竹子，结果什么都没有发现，自己反倒大病一场。从此，王阳明对“格物”学说就产生了怀疑。这就是中国哲学史上著名事件：“守仁格竹”。

同一时刻，在江南的温柔乡里，唐伯虎则过起了狂放不羁的生活。他在一首诗中写道：“不炼金丹不坐禅，不为商贾不耕田。闲来写幅青山卖，不使人间造业钱。”这首诗就很形象地表明了他此时闲云野鹤的心境。

王阳明在前往贵州的路上，也曾经写过一首诗，按意境却大不相同：“险夷原不滞胸中，何异浮云过太空？夜静海涛三万里，月明飞锡下天风。”大概意思是：我根本就不在乎生活是顺境还是逆境，所有这一切都跟天空中的浮云一样，风一来，就被吹走了。月夜，风高，我在静静的大海上泛舟了三万里，那种痛快的感觉，和我驾着锡杖、乘着天风，从高山之巅疾驰而下的感觉一样。

在某一个晚上，在贵州龙场这个穷山僻壤的地方，习惯夜夜静坐深思的王阳明突然大悟“格物致知”之道，高兴得跳了起来，把睡着的仆人都惊醒了，这就是史称的“龙场悟道”。

何必事事格物？不如关注自己的内心。王阳明“心学”理论的核心是“知行合一，以致良知”。他曾对弟子说：“人胸中各有个所谓的圣人，只自信不及，都自埋倒了。”强大的内心，就能够使一个人完成不可能完成的任务，直到成为圣贤。

要知道，在当时崇尚空谈的团团迷雾之下，王阳明的新学之说，如同黑暗中熊熊燃烧的火炬，散发出了穿透力极强的光芒。人生中经历的大磨难，别人强加而来的羞辱，却成了王阳明成为圣贤的最后一道淬火的工序。

王阳明自小学习骑射，又精通兵法。在中国漫长的历史中，能文能武的人很多，但文武两方面都臻于极致的首推王阳明。他不是一个纸上谈兵的人，他的“心学”强调人的主观能动性，因为他同样主动去作为，将学问在事业上充分表现出来。

在军事上，王阳明最令人称颂的是，他只用几十天的时间，平定了宁王朱宸濠策划了很多年的叛乱。对一个从未带兵的人来说，实属不易了。当时王阳明以左佥都御史巡抚南赣，宁王叛乱，声势惊人，呈席卷之势。王阳明手中虽然无兵，却临危不乱，他一方面在袁州（今江西宜春）聚集各府县的士兵，征调军粮，制造兵械船只，另一方面他假装传檄各地至江西勤王，在南昌到处张贴假檄文来迷惑朱宸濠。为争取更多时间集结军队，他写蜡书让朱宸濠当时的伪相李士实、刘养正劝宁王发兵攻打南京，却又故意泄露给宁王。

李、刘二人果然劝朱宸濠进兵南京，但朱宸濠大疑，最后按兵不动。过了十多天，勤王兵未至，朱宸濠才发现被骗，带兵攻下九江、南康，随即在攻打安庆时受挫，此时的王阳明大军已集结完毕。朱宸濠精锐兵力都前往了安庆，而留守南昌的兵力则已空虚，王阳明于是率兵攻打南昌，朱宸濠回兵救南昌。最终双方在鄱阳湖进行了决战，经过3天的激战，宁王战败被俘。

这一役，足见王阳明的用兵之道，神出又鬼没。他带兵打过很多场仗，无一不取得辉煌的战绩。历史上对他用兵有一个评论：王阳明用兵诡异、独断，素有“狡诈专兵”之名。当然，这源于他强大的自信心。

其实，此刻王阳明和唐伯虎的命运差一点就交织在一起。宁王起事前，到处招募贤才，用重金将唐伯虎征聘过去。不过唐伯虎这个人虽然纵情于酒色，还算一个聪明人，发觉宁王叛乱阴谋后，他就佯装疯癫，甚至在街上裸奔。宁王一看，这人废了，放掉算了，唐伯虎因此才躲过王阳明的雷霆之击，捡回一条命来。

这一年，唐伯虎不到五十岁。他的心却仍然很热，放浪形骸不过是寻到机会之前的表现罢了。唐伯虎的晚年穷困潦倒，五十四岁的他临终时写下有名的绝笔诗：“生在阳间有散场，死归地府又何妨。阳间地府俱相似，只当漂流在异乡。”六年后的1529年，王阳明病逝，他的遗言却是：“此心光明，亦复何言！”

这就是不同的人生。

如何成为一个快乐又好玩的人

□雾满拦江

当一个人喜欢一件有意义的事情时，就会从中获得无尽的快乐，并在这个过程中，让自己的精神结构得到无上价值的升华。

日本一所学校里有个成绩不怎么样的人。他上学时老是出去瞎溜达，学分没修够，学位就这样没有了，但他请求以旁听生的身份，继续听课。毕业后他迷上了一种奇怪的鱼，叫虾虎鱼。他开始研究，并成为这个领域里的权威，写了好多论文，还发现了一个新品种。

日本编纂百科全书时，他负责虾虎鱼条目，画了大量的插图。但他的研究或论文，署名时都没有姓。因为他是日本没有姓氏的人。Akihito——这是他的名字，翻译过来就是明仁。对，他就是日本的明仁天皇。

记者采访他时，明仁说："其实，我一直想做个科学家。"坊间评论说，虽然明仁在虾虎鱼这方面的研究，让他成为独一无二的权威，但他不过是业余爱好者。

网络上曾有个帖子叫《烽火守书人》，轰动了全球。

帖子是一个叫萨德的伊拉克人写的。他是库尔德人，扛着枪跟萨达姆打过仗，但他酷爱读书，放下枪之后，经过一番苦读成为学者。后来，他成了伊拉克国家图书馆馆长。

这是个美差，但图书馆位于兵家必开火之地。萨德和同事们在图书馆正在整理图书时，外边一梭子子弹飞射进来，几名同事被打死了，活着的继续整理图书。

当时交战双方——什叶派和逊尼派，都觉得图书馆这个制高点蛮好，便扛着机关枪进来占领。萨德上前劝止，立时被一堆枪指着头："活糊涂了是不是？你敢阻拦，立即杀了你。"但萨德说："百年千年，谁还记得你们杀人的理由呢？留传于世的，永远是书本承载的智慧与思想。"

那时候，全世界的人天天关注着他，时不时看到图书馆的职员为了淘本书，在回来的路上被射杀。有些珍贵的书由警车护送着，结果觊觎者以为是什么黄金珠宝，火箭筒、激光、导弹什么的一通狂轰。无数人都在劝萨德：“赶紧别干了，找个没人的地方躲起来吧。”萨德回答：“喜欢，为什么不坚持？”

2002年，诺贝尔化学奖揭晓，一名叫田中耕一的日本人夺得此项荣誉。此人成为日本第12个获得诺贝尔奖的人。接到这个消息时，整个日本蒙了。

日本官方压根没听说过这个人。所有媒体、化学研究领域的学者，包括此前的诺贝尔化学奖获得者，都不知道这个田中耕一是何方神圣。他们找了好久才发现，这个田中耕一是一家私人研究所底层的研究人员。

他之所以身处底层，不是没有升迁机会，而是这家研究所重视地位，一旦升职就不需要再进实验室搞研究。而田中耕一是个实验狂，一天不搞实验，就全身不自在。所以，他这辈子宁肯不升职，也要趴在实验室里搞实验。当初他搞出这个获得诺贝尔奖的实验时，老板很开心，当场奖励他折合人民币700块钱。获奖之后，老板飞速赶来，请他做研究机构的董事。他一口回绝，说：“不行，做了董事，你们就不让我进实验室了。”

当时老板那个别扭啊，便紧急召开董事会议。会议通过了一项决定，田中耕一是他们的董事，但是可以继续待在实验室里做实验。

这里说的几个人物，情况都有点特殊。明仁拥有的资源太过丰足，还跑到科研领域来抢夺出镜率，这让许多清苦的研究者悲愤于心，于是给他打上“业余爱好者”的标签，但他还是玩下去了。而田中耕一秉持的就是匠人精神。诚如伊拉克的萨德所说——因为喜欢，所以无怨。当一个人喜欢一件有意义的事情时，就会从中获得无尽的快乐，并在这个过程中，让自己的精神结构得到无上价值的升华。

我们的耳朵曾经错过一些什么

□陈思呈

生活里你可以逃离一切，唯独生活的气息不该逃离。静下心来，听生活歌唱，感受浓浓的烟火气，这真切的体验会带给我们美妙的感受。

一天下午，我坐在村子里一条小石子路旁边的树下看手机。我很喜欢那条路，因为路上铺的是小小的碎石，简直有点儿日本枯山水的味道，也极少有人经过那里，真是一块风水宝地。

用眼久了，便闭眼休息一下。四周是乡村特有的宁静。突然，我听到一阵非常轻微的声音，是又轻又快的“唰唰唰”。不是风吹竹叶声，风吹竹叶的声音要疏朗一些，有猎猎之感。也不是细雨落池塘，雨落池塘，再小的声音也有共鸣，这种声音是连成一大片的、成规模的。

原来，是一只小狗在那条铺着碎石的路上来回地走，它厚厚的肉掌摩挲着路面，就发出了那种非常轻快的“唰唰”声。

真好听，让人心里暖融融的。更重要的是，这细微的声音，好像给我的耳朵开了光，它突然听懂了此处的安静。此处并非纯粹的安静。

首先是蝉鸣。它是一片不知疲倦的背景色，连绵一片又易被忽略，但它与蓝天是多么般配。

然后是一些鸟的啼叫点缀其中，勾勒出纵深。短促而干净的叫声，仿佛在发表意见，但绝不饶舌。那大概是长尾缝叶莺？另一个更有底气的声音，它发表的意见明显更有分量，也更准确。那大概是黑脸噪鹛？还有一个跟班……是红耳鹎？

群鸟的叫声与远远的群山唱和。而这时，低声部不可或缺。那是蛙鸣。沼蛙的声音像狗叫，本应是刺耳的，但因融入了混沌的寂静中，竟让人不觉突兀。

我们到底错过了多少声音呢？作为一个用眼过度的资深近视者，我意识到自己对听觉的荒废。

比大自然的声音更迷人的，是街市巷陌中，人的声音。

那天，仍然在乡村——是一个离市区比较近的乡村——我听到有人挑着担子在卖鱼。那是一首自创的歌谣，歌谣的内容不外把各种鱼的名称，按它们的发音顺口程度连缀起来。但我琢磨了很久，知道他非这么唱不可。

鱼名是顺势而为，高音必须恰好落在尾音，如此才能把叫卖声往外扩散。另外，他故意将发音唱得含糊，一来可能是为省力（清晰发音太累），二来听者会努力分辨他唱的是什么，注意力就不知不觉地被吸引了过去。

这就是民间的智慧。想起来，有很多叫卖方式都才华横溢。叫卖声一定是符合发音规则和音律的，包括收破烂的“旧电器旧报纸，旧电视旧摩托，旧书旧被，旧铜废铁”，增一字则多，减一字则少，任何一字都不可调动位置。就像前贤论诗所说，好的用字有黏着力，调动之后都不如原文贴切。

每一类叫卖声又有区别。卖鱼的，叫卖声悠扬远传，高处直入云霄，低处拖曳不去，戏曲一般，竹筐里的每一片鳍翅鳞光大概都是他的底气。收破烂的，则短促简洁，如快板、三句半，讲究的是直入耳膜、不容置疑。

最为优雅的是卖花声。吾生也晚，竟没听过。“卖花声过，人唱窗纱”“枕上鸣鸠唤晓晴，绿杨门巷卖花声”的情形，只在资料里得见。

也不是只有卖花声才具诗意，几乎所有的市声都是诗意的。比如在老家，醒得很早的时候，天还没有透亮，就能听到从路口的小集市传来的声音。猪肉铺老板率先排开案板，将一大扇猪肉重重地甩在案板上，“砰”一声，宣告一天的开始。然后便是“手之所触，肩之所倚，足之所履，膝之所踦，砉然向然，奏刀騞然，莫不中音，合于《桑林》之舞，乃中《经首》之会”。

旁边卖油条、豆浆和肠粉的早点铺子，也没闲着。风炉烧起来，炉膛里的“呼呼”声越来越响；碗、碟、筷各就各位，“叮当”恳切；间插于其中的，是早点铺子老板娘和猪肉铺老板的聊天声，他们比邻工作已经多年。

这是平凡的一生中平凡的一天。

怎样才算认识一朵花

□闫晗

无限的细节和微妙的感受，藏在某个地方，可能表达不出来，但是你知道，它们真实存在着，而且无比重要。

近两年，博物学突然火起来，连带着各色识图软件，不知道花的名字不要紧，手机拍下一张照片，上传到软件上，立即就会出现学名。

发在朋友圈的风景图，也立即有善于做功课的人搜出图中花花草草的名字：紫花地丁、二月兰、紫叶李……哪怕相像的樱花、桃花、杏花、梨花、李花、梅花，会有技术替你分辨。

时代在进步，技术带来诸多便利，知识的门槛降低了，无须去查阅资料，只需要动动手指头，便能轻易得到答案。可怎样才算真的认识一朵花呢？

在马斯洛的《动机与人格》中读到这样一段话：教授和他的艺术家妻子漫步在一条乡间小道上，当他第一次看见一朵可爱的花时，就问他的妻子这朵可爱的花的名称是什么。谁知刚一出口，就遭到妻子的一顿斥责："知道这朵花的名称对你有什么好处呢？你一旦知道了它的名字之后，你会心满意足，失去了好奇心，再也不会去欣赏这朵花了。"

知道名字就"心满意足"，浅尝辄止已经够用，这很节约时间，很"现代"。现在是个流行二手"知识胶囊"的时代，有人替代你读书，替代你思考，把简单粗暴的结果告诉你。

读了某篇书评，你以为了解了整本书，听了几分钟拆解电影，就有了与人聊天的谈资，别人的观点很新奇，被投喂得心满意足。可是，你真的跟它们建立链接，拥有它们了吗？那些电影被剥离了配乐、光影的魔术，只留下一个简单的故事框架。

那些名著的细节、人物对白你不会看到，只有别人的印象和评价，缺乏一种感性的、直观的经验。

植物和人一样，你记住一个人的名字就算了解他了吗？哪怕生活在周围的熟人，有些也不过是点头之交，他们的个性、喜好，热气腾腾的生活或是光鲜或是苟且，我们都一无所知，有的只是相遇时无关紧要的一句寒暄。

爱因斯坦说：“未经思考的知识不是知识。”同理，没有打过交道的人，算不得了解。那些写植物写得好的文章，大都掺杂着自己的人生体验，与那些花草有一些私人的故事和领悟，关于童年、故乡、城市、风土人情，甚至友情和爱情。

这样才算认识和了解它，跟它们拥有了一段与众不同的关系。写美食的文章也一样，通过一种食物，我们想看到的往往是爱、温暖、慰藉和自己的人生。

大数据带给我们很多信息，众多人的爱好、品位在商家那里有了判断，你被大多数人代表和选择了。小学生都可以用大数据分析苏轼了，看上去很潮。可没有人能代替你的感受，个人的记忆博物馆是无法被平均、被量化的。

就像你与那些植物的关联，你与身边每一个人交换过的能量、拥有的故事、经历过的陪伴一样，有无限的细节和微妙的感受，藏在某个地方，可能表达不出来，但是你知道，它们真实存在着，而且无比重要。

天 趣

□黄永武

天趣带有毛茸茸的原创性，不是人云亦云，也不是有人指着山水花鸟就能传授给你的。天趣的辨识是一种难以比况而独自神会的审美意识，是从茫茫凡俗中感应出妙意的特殊禀赋。

古人读文章，读到“空翠湿人衣，月明洲渚生”两句，不禁叹美道：“真有天趣！”把叹美的四个字批在文章的眉角。后来又有人读到这文句及眉批，觉得天趣有点玄，就去问明代的小品文大家王思任：“怎样才能辨识‘天趣’呢？”王思任回答道：“如果能辨识萧何是如何奇赏出韩信的，就懂得‘天趣’要怎样辨识了！”

王思任的回答，好像是给了个谜语要你猜，月明衣湿怎么扯上萧何韩信了呢？天南地北不着边际，牛头马嘴有点错乱。不过，好像也带点禅机。

天趣是什么？当然，看着奇奇的夏云，一变而成万妙；望着清清的秋水，一动而成万皱。这应该是天趣。

月在水中上上下下，风又瑟瑟地吹过去，波上起了邻涟的纹理。光影如梦，波痕是诗，风月水三者一聚首，很妙的天趣。

旭日初起，带露的幽草，叶片上挂满七彩宝石在旋转，清晨的宇宙是新娘，大草原是缀满珠宝的嫁衣，这是天趣。且看云比人还忙呀！一座山峰飞进云里，云又故意推山出来；一座山峰飞出云外，云又急忙拉山进去。云跟山纠来缠去，低空的云总像要挟着山一齐飞似的，这也是天趣。

加拿大林间猫头鹰的叫声“呵呵——呵——呵——”，极像老翁冷冷的笑声，与我记忆中江南的猫头鹰的叫法“骨碌碌碌……”圆滚而阴森的鸣音，大异其趣。鸱鸮的鸣法会超过人类的方言上万种吗？鸟啼人语，都是天趣。

花会笑吗？花香就是笑意。池涧会笑吗？菱莲就是笑态。山会笑吗？松涛泉鸣就是笑声。扩而充之，读书声是房子在笑，名誉是烈士在笑，就像彩帆是湖上的笑。大地会笑，才子佳人都是它的笑果，就像上天会笑，星光是含颦微笑，太阳是咧嘴大笑。这些无一不是天趣。

但是王思任不回答这些，他远远地离开露湿衣裳、月照洲渚的自然刻板印象，用一种意外的人事例证“萧何怎样奇赏韩信”，举这远隔而陌生的美感经验，没头没脑地要你明白：天趣带有毛茸茸的原创性，不是人云亦云，也不是有人指着山水花鸟就能传授给你的。

天趣的辨识是一种难以比况而独自神会的审美意识，是从茫茫凡俗中感应出妙意的特殊禀赋，未必仰仗学习知识。有些人一书不读而多诗意，一花不识而多画意，一佛不拜而多禅意，一杯不饮而多酒意，天赋的直觉就能感应微妙的美。英雄识英雄，就在旁人还浑然不觉时，能一眼瞅定，猛地挑出那卓然杰出的美，就能辨识天趣。

空白笔记本

□林清玄

一本写满自己思想的笔记本，虽然样式简单，但总比那些永远空白的昂贵笔记本有价值。如果我们不能在急速流过的每一天，为生活留下一些什么，生活就会如海上的浮沤，逐渐破灭。

到一家非常精致、讲究品位的书店买书，顺道绕到文具部去，发现一种非常奇特的现象。

这家书店里的书售价都在小几十元，可是一本普通的笔记本售价都在大几十元，稍微精致一点的则在百元以上。由于我平常都使用廉价的笔记本来记事，因此我对现今笔记本的售价感到有点吃惊。

一本书的成本通常有印刷、排版、校对、版税等费用，理论上成本比笔记本高得多。再加上书籍的流通有特定对象，范围比笔记本小得多，销路比不上笔记本。因此，一本笔记本售价如此之高，我感觉价格是不太合理的。

我问店员小姐："为什么这些笔记本这么贵呢？比一本书贵太多了！"

她给了一个我意想不到的答复："书都是别人写的，写得再好也是别人的思想；笔记本是给自己写的，自己的想法当然比别人的想法卖得贵了。"说得真好！

走出书店，我沿着两边种满松香树的大道散步，想到笔记本卖得昂贵其实是好现象，说明这个社会的人生活比从前富裕了，大家更讲究品质，而且有能力花更多的金钱来购买进口的文具。

接着我想到，现在很多人都用昂贵的笔记本，但真正拿来写笔记的又有几人呢？记得我离开书店的时候，店员小姐说："现在很多人花钱买笔记本不是用来写，他们只收藏笔记本。他们可能从来不写笔记，但他们不断地买笔记本，使得笔记本的设计日益精美，售价也越来越昂贵。"

比较起来，我有点实用主义的倾向。再美丽精致的笔记本，拿到手里总是要写的。有时候，一年要写掉很多本笔记。由于消耗量大，反而不会太在乎笔记本的质量。

一本写满自己的生活、感受与思想的笔记本，虽然样式简单、纸张粗糙，但总比那些永远空白的昂贵笔记本有价值得多。在这一点上，我觉得店员小姐说得好极了，笔记本是为了记录自己思想而存在的，如果我们只是欣赏而不用它，那不是辜负那棵为做笔记本而牺牲的树了吗？

一个人活在世上，可能庸庸碌碌地过一辈子，什么都没有留下就离开了尘世，因此我常鼓励别人写笔记，把生活、感受、思想记录下来。这样，一则可以时时检视自己的生命痕迹，二则通过静心写笔记可以“日三省吾身”，三则逐渐使自己的思想明晰有体系。

一天写几页笔记不嫌多，一天写一句感言不嫌少，生命、思维就是这样成熟起来的。如果我们不能在急速流过的每一天，为生活留下一些什么，生活就会如海上的浮沤，一粒粒破灭，终至消失。我们唯有抓住生活的真实，才能填补笔记本的空白。若任生活流逝，笔记本就永远空白了。

我们各自暗藏着故事

□清　月

在广袤无垠的世界里，我们默默存在如丛生的杂草，却各自暗藏深不可测的故事。

我读小学时，家门口开了一家小花店，出售鲜花和小卡片。自从有了这家花店，几乎每天放学归来时，我和小伙伴们都会迫不及待地跑去店里转一圈。囊中羞涩的我，虽然没有购买花束的能力，却十分迷恋待在花店里的感觉。

花店老板是一位二十岁出头的姐姐。我忘记了她的模样，却对她的温柔脾气和甜美笑容印象深刻。我们这群调皮的小孩每天跑去她店里转悠，从不消费，她却从来没有赶过我们。有时空闲了下来，她还会耐心地教我们识花——满天星、勿忘我、非洲菊……还给我们讲各种花的寓意。

有一回，花店姐姐送了我一朵红色剑兰。那朵剑兰的茎部略有些弯曲，影响销售，她舍不得扔去，于是问我是否愿意将它带回家。我自是满心欢喜收下，如获至宝地捧回家，养在水瓶里。

不知道过了多久，某天我回家时，突然发现那家花店空了，它的旧址很快就入驻了新商铺。我总期盼花店有一天能回来，总希望再度有机会听花店姐姐给我们介绍新的品种，可是这些愿望终究没有实现。花店的消失，令年少的我失落了好一阵子。

往后的二十多年里，那家花店成为我记忆里一个很特别的存在。无论走到哪一座城市，每当路过花店时，我都会忍不住往店里面望一眼，期望在里面看见一个年轻的、满脸洋溢着灿烂笑容的花店老板。

一天傍晚，我坐在沙发上，侧过头久久地凝视着窗外，仿佛在看一部节奏缓慢的老电影：白色的月亮一点一点地升上去，粉色晚霞慢慢地在天空中聚集，夕阳的余晖投射在对面建筑物的玻璃窗上，风一阵一阵地拂过，从窗口溜进来，带来恰如其分的凉意……

许久没有遇上这样一个醉人的黄昏了，色彩绚丽有如水彩画。我就这么坐着，等待夜色一点点下沉，等待这个城市变得安静温柔起来，等待脑海中的回忆走进时光隧道。

我曾骑车追赶夕阳，拼命地蹬脚踏板，虽然明知再怎么努力也赶不上它下沉的速度；也曾无数次在下班后独自跑去楼顶眺望夕阳，站在空旷的大平台上聆听风声，看底下的人行色匆匆。每每此时，我都能深切地感觉到内心的躁动正在逐渐退去，取而代之的是一片平和。那些不曾真正闪过光的英雄梦想，终于在这一刻从疲惫的生活中解脱出来，显露它的原貌。

每天都会与无数陌生人擦肩而过。我喜欢在路上观察周围的人，打量他们的衣着、表情、动作、所携带的物品，由此猜测他们的心情，想象他们的经历……往往一趟出行归来，我早已经乐此不疲地为途中遇到的陌生人编织好了一连串的故事。

去往机场的地铁上，我遇见过一位白发苍苍的老人，精神矍铄，面带微笑，衣着清爽整齐，手捧一束鲜花。不知道他是否即将去迎接他的爱人，但愿如此。

也曾遇到过在地铁上默默垂泪的姑娘。她坐在我正对面，不时地看手机，不时侧过头望向隔壁车厢，眼泪顺着脸颊滑落，弄花了她的妆容。

最令我难忘的是一位在冬日路灯下读书的中年男子。寒风瑟瑟，他始终沉浸在书中的世界，不在乎他人的目光，也忽略了冬日的冷峭。

在广袤无垠的世界里，我们默默存在如丛生的杂草，却各自暗藏深不可测的故事。有些相遇的瞬间，就像飞驰而过的地铁，以为那便是过去了，可是驶过时的轰隆轰隆声，偶尔又会在耳畔响起，让人回味、温习、怀念，一如我今日又想起了当年那个花店老板。

一个人种一片森林

□陌　菲

一个人的力量其实并不渺小，只要不惧风雨，勇于坚守，一个人也可以种出一片森林，创造属于自己的晴空。

1979年，一个名叫帕恩的印度男孩路过自己村庄旁边的马古利岛时，不禁大惊失色，只见岛上密密麻麻地堆积着成千上万的蛇，这些蛇被昨夜的一场洪水裹挟，困在荒芜了一百多年的马古利岛沙地上。年少的帕恩看着这些蛇在灼热的沙地上痛苦地扭动着身子，直到全部死去，自己却无能为力。“太惨了，简直就是一场大屠杀！”帕恩看着沙地上千万条蛇的尸体，不禁感慨万千，藏在心底的悲悯，让帕恩萌生了一个大胆的想法：我要将这片荼毒生灵的荒漠变成森林！

于是帕恩找到森林管理部门，询问能否在岛上植树，却被告知这个岛上的地早已沙漠化，根本种不出任何树，他们建议帕恩可以试着种竹子。

几天后，帕恩就挖了十几棵带竹蔸的母竹，种植于早已挖好的沙坑中。撒下一些肥料，他开始天天浇水，满心期望这些竹子能快速成活。不承想几天后，一场大洪水一下就把刚种的竹子冲得无影无踪。白忙活一场的帕恩只能重新开始。

这次他更加小心翼翼，种植好后，他还细心地为每一株母竹围了一圈简易的篱笆。十来天过去了，竹子开始有了一点新绿。想着这次的竹子肯定能成活，帕恩开心极了。不料第二天就刮起了狂风，他精心呵护的母竹再次毁于一旦。

帕恩沮丧地走在回家的路上，猛然发现村庄和岛相连的地方，长着数丛茂盛的野草，昨天的狂风并未影响它分毫。这种野草是当地很常见的草，极易成活，几乎一周左右就会长出新根须。根须固定了沙地，再种植竹子和其他树苗不就轻松多了？他不禁欣喜万分，连忙回家拿工具将这些野草挖出，分栽到和村庄相连的马古利岛四周。这次他加固了篱笆，仍然每天看护和浇水，使得这批野草终于蓬勃地生长起来。帕恩再次挖了数十株母竹种植在野草的旁边，施肥、培土，一个程序都不敢怠慢。在帕恩日复一日的精心呵护下，第一批竹子终于生根发芽，冒出了毛茸茸的新笋！

新竹种植成功后，帕恩又找了一批易于成活的树苗开始栽种，一次一次栽了被毁、毁了又栽，帕恩却从来没有放弃。他坚持每天种植十几棵树苗，日子一天天过去，这些种下的树苗渐渐成林。随着树林日益扩大，灌溉树苗成了帕恩最头痛的问题。他明白，凭一己之力，很难从河道引水灌溉到所有树苗。经过长时间的思考和摸索，他自制了一个竹管浇水系统，将竹子从中剖开，剔除竹节，就成了一根天然管道，将管道绑在每一株树苗上，就可以灌溉整个森林。

随着森林面积越来越大，土地贫瘠的缺陷日渐显现。帕恩凭着对生态系统的深厚认知，慢慢把蚂蚁和蚯蚓带了进来。它们有利于残枝败叶充分降解，让泥土肥沃起来。蚂蚁和蚯蚓的劳作还让泥土充满小孔，让耕作变得更容易。帕恩还决定放弃农田搬进森林，一家五口在这片旱地搭了一间草屋，靠养牛卖牛奶维持生活。

林子大了，各种虫鸟野兽开始频繁出没，鹿、犀牛、老虎、大象……问题也接踵而来。大象开始在林子旁边的村庄出没，不受控制地消耗村民的农作物，老虎也不客气地猎食村民家里的牲畜，愤怒的村民经常向帕恩投诉。帕恩一边不停地安抚着一拨又一拨的村民，一边大量种植香蕉树，最终成功把大象吸引在树林里。各种动物越来越多，树林的生物圈逐渐形成，老虎也不再离开树林猎食。平衡的生态环境，让这里成了动物栖身的理想之地。

就这样日复一日，帕恩用了三十六年的时间，把一片荒芜的沙地，变成了占地550公顷的茂盛森林。2008年，印度森林管理部门跟踪一批迁徙的大象，发现了帕恩的森林，并以帕恩的宠物的名字将其命名为“莫拉伊森林”。此后，帕恩更是被印度新德里的尼赫鲁大学授予了“森林之子”的称号。他的事迹更是让加拿大著名导演深受感动，这位导演自筹资金，将帕恩的故事拍成纪录片，发到网上，传遍了全世界。

三十六年的坚守，农民帕恩终于以“环保大使”的身份名扬天下。原来，个人的力量并不渺小，只要不惧风雨，勇于坚守，一个人也可以种出一片森林，创造属于自己的晴空。

呵护生命

□丁皎年

万物有灵且美。我们应该学着对这个世界的任何一个角落小心翼翼。呵护生命，往往也能给自己带来惊喜。

耶鲁大学做过一个实验：摆放一株植物，让一个人正常地从植物旁边走过，不伤害植物；再让另一个人拿斧头去砍植物，然后走掉。结果，当两个人再次从植物旁边走过，仪器检测出植物的脉冲电流有明显变化：每当“正常人”走过，曲线平静，而当“凶手”走过，曲线波动大。一株植物尚且如此敏感，有爱恨情仇，何况人？

迪拜建造摩天大楼和新城的时候，对一波一波的海浪冲击，须有良策：既要阻挡海浪对人工堤岸的冲刷，又要不阻挡海水的流动。经过实验，他们建造了很多两个镰刀形对接但口子错开的环形防波堤。建成后，效果不错。不过，海浪似乎对沙子的冲刷稍大一些，如果长期冲刷，沙子会堆积在堤岸，越积越多。工程师想了一个办法：在海底堆积固体，减缓冲刷力。放什么固体呢？不是水泥墩，而是原状的大石头。他们从很远的山区开采出大石头，载重车一辆辆运来，利用挖掘机扑通扑通倒入海里。虽工程缓慢，但后来的效果非常好，达到了预期目的。不久，出现了一个奇迹：大石头与海沙间，长出了嫩嫩的海草，随水摇摆。更惊喜的是，还有了海洋小动物，五颜六色的小鱼游来游去。这就是说，扔进大石头，意外地改善了海底的生态环境。

美国加州西部落基山的森林里，生长着珍贵的红杉木。树很高大，80米，90米，100米，最高的达110米。树龄几十年、几百年、几千年的都有，树干红棕而粗壮，枝叶茂盛，浓荫蔽日，宛如童话世界。近年来，这里已成了一道风景，吸引世界各地的游客前来观赏。但人们行走于林中，有一个隐患：树高处的枯枝会跌落，可能伤及行人、车辆和物品。

森林工作人员便想了一个办法，用望远镜巡视观察可能会跌落的枯枝，然后爬到树上，用电锯锯掉枯枝，再用绳索把锯断的枯枝慢慢吊下来。这个过程会花费5～10分钟。一根枯枝吊到地面，落稳，工作人员解开绳索，抬掉枯枝，会再处理另一根。这么花功夫，为什么？他们说，树冠下有好多生命，搭窝的小鸟，蹦跳的松鼠，繁忙的昆虫，鲜嫩的花草，扔下枯枝会砸伤它们的。

东欧与俄罗斯交界处的森林里，生活着一种浅灰色翎毛带斑点的鸳鸯。雌鸳鸯孵蛋时，为了安全，要飞到十几米高的大树的树洞里孵化。一个月后，小鸳鸯就破壳出世了。在这温暖的窝里，小鸳鸯一般待一天就要离开，因为肚子饿。

这时，小鸳鸯将面临一生中第一个也是最重要的考验：飞到地面去。但窝巢距离地面十几米高，小鸳鸯不会飞，怎么到达地面呢？只见鸳鸯母亲站在树洞边，嘎嘎叫几声，挪动脚步，察看地面，接着就张开翅膀飞下来，稳稳地落在厚厚的落叶上。它站稳，仰头看着树洞边的小鸳鸯，开始嘎嘎地叫。

第一只小鸳鸯学着母亲的样子，滑翔下来。它娇小的身体在空中摇摇晃晃，快接近地面时，身体突然失去平衡。落叶很厚，足有一尺多，小鸳鸯的身体栽进去，溅起树叶，像人跳入蹦床被弹起来。飞落成功了！它站起来，兴奋地跑向母亲。第二只，第三只……一只只小鸳鸯安全地降落到落叶中。母亲领着它们朝河边行进，半个小时后，欢快地进入河水。

落叶，一片片落叶，堆积千百年，结成一床厚厚的棉被，接受了小鸳鸯的新生。林场工人知道这个秘密，从不清扫落叶，有时还加厚落叶。

生活中，如果我们能对这个世界的任何一个角落、一个细节、一个物事都留意一点，小心翼翼，说不定就会给别的生命带来惊喜。

创造的脚手架

□万维钢

有创造力的人总是洞察力惊人，他们能“看到”东西，并能把自己的经验和新东西综合起来。

有一种可操作又比较高级的创新方法，被创新者在各个领域大量使用，而且外行一般看不出来。这个方法的特点是直接借鉴同行作品——但是不直接使用。

举个例子，我们小时候读《西游记》，总觉得这些故事实在匪夷所思，真不知道吴承恩是怎么想出来的！现代学者认为《西游记》并不是吴承恩一个人的作品，不过这不是重点。重点在于，《西游记》里的很多故事并不是作者一拍脑袋想出来的，而是能在《禹鼎志》《玄怪录》《酉阳杂俎》等传奇笔记中找到素材原型。

学者魏风华在《唐朝的黑夜》一书中提到，孙悟空在车迟国跟虎力大仙斗法，自己的头被砍下来也没事的情节，就取材于《酉阳杂俎》中一个印度僧人“难陀”的故事。而斗法本身，也可能来自书中唐朝道士罗公远和密宗大师不空和尚在唐玄宗面前斗法的故事。

《酉阳杂俎》里甚至还有一个关于蜘蛛精的故事。说有个叫苏湛的人，被蜘蛛精迷惑，妻子和仆人去救他的时候，发现有个巨大的黑蜘蛛用网把他给绑起来了，仆人就用利刃割断了蜘蛛网……这不就是《西游记》里的盘丝洞吗？

其实吴承恩自己也承认这一点，他在《禹鼎志序》一文中说过：“余幼年即好奇闻。在童子社学时，每偷市野言稗史……”果然从小就爱读野史和奇闻。

所以像《西游记》这样博大精深的传世之作，绝不是一两个作家坐在家里玩头脑风暴就能写出来的。吴承恩通读了各种传奇笔记，融合了佛教和道教的哲学，映射了官场政治，把这些综合在一起，才构建出一个庞大的神话体系。我怀疑他的写作方法是先布局好这个体系，再安排大闹天宫和取经故事。

《哈利·波特》《指环王》《冰与火之歌》，其实也都是这样的。作家深入研究了历史上真实的战争和宫廷政治，把这些东西和传统神话糅合在一起，换成别的时间、地点、人物，甚至人种，新故事的素材就出来了。

所以创造的基本技术是“借鉴”。

创办苹果公司的乔布斯在1994年接受《连线》杂志采访时，谈到了他对创造的理解：“创造就是把东西连接起来。如果你问有创造力的人是怎么做出东西来的，他们会有一点负罪感，因为他们并没有真正‘做’东西，他们只是能‘看到’东西。一段时间之后怎么做就会变得非常明显。这是因为他们能把自己的经验和新东西综合起来。”

在这篇访谈里，乔布斯讲了他对苹果电脑市场定位的设计思想，也是借鉴的结果。我们知道苹果电脑比基于Windows操作系统的PC要贵得多，而计算性能也没有顶级配置的PC快，但是它的外观设计和用户体验特别好。这种在价格、速度和用户体验之间的权衡选择，其实是某个洗衣机品牌教给乔布斯的。

乔布斯一家曾经花了很长时间调研市场，想买台好洗衣机。他们发现欧洲货比美国货要贵得多，而且洗衣耗时更长——但欧洲洗衣机的优点是用水少、洗后衣物更松软、洗涤剂残余小。换句话说，欧洲洗衣机对美国洗衣机，就是苹果电脑对PC。乔布斯从欧洲洗衣机悟出的道理是用户体验比价格和速度更重要——而他悟出这个道理是跟家人连续两周在晚餐餐桌上讨论欧洲洗衣机的结果。

苹果还有很多高级的借鉴。有人考证苹果设计总监乔纳森·艾维借鉴过罗马尼亚雕塑家的作品，从糖果厂获得过灵感，还曾经为了获得设计轻薄型笔记本电脑Mac Book Air的灵感向一位日本铸剑大师学习。

创造是想法的连接，某些创造是同类想法的直接连接。那为什么我们总觉得有些好想法是横空出世的呢？这是因为高明的发明人会故意不给别人留下他想法来源的线索。

最后说一个数学家高斯的典故。高斯是公认的天才数学家，是祖师爷级别的人物。他做出了很多匪夷所思的工作，别的数学家能看懂他的证明，但是完全想不出高斯是怎样想到那些证明的。比如，数学家阿贝尔就曾经抱怨过，说高斯“就好像走过沙子的狐狸，用尾巴抹去自己所有的脚印”。

而高斯对此的回答是：“一个有自尊的建筑师不会在盖好的房子里留下脚手架。”如果我们能看到每一个发明背后的脚手架，也许这些发明就不会显得那么神奇了吧。

上高地的渡边画伯

□唐辛子

与“耐心”“毅力”相比，“永不厌倦”恐怕才是“根气”的真正核心。因为在“永不厌倦”中，存在着真正的乐趣。

2018年暑假，趁着盂兰盆节刚过完，交通和旅馆都不那么拥挤的时候，我去了一趟日本长野县的上高地。十五年前，在同样的夏天，我去过一次上高地。这次是第二次。十五年的时间，对一个人而言，是个不长不短的过程，从容貌到思维都会有所改变，但对上高地这样的自然而言，也许充其量就是十五天。因此，十五年前和十五年后的上高地，基本上并无二致。远山依旧安静沉稳，流水仍然剔透清亮，河童桥上的晨雾，也是十五年前我所见过的样子：薄若轻纱、虚无缥缈，似乎可以随时伸手抓住它，却永远够不着。

跨过河童桥，沿着清澈的梓川朝前走，在小梨平的帐篷安扎地，我第一次见到了渡边胜夫。七十五岁的渡边先生面目清瘦，极为健谈。在他红色的布料裤子和红色的套头毛衣上，沾满了油画颜料——如果不是后来知道了他的故事，我恐怕和其他初次见到他的人一样，以为他是位无家可归的流浪汉。“业余画家渡边胜夫”——在渡边递给我的名片上，写着他的自我介绍。因长年在上高地绘画写生，渡边先生被称为“上高地的画伯”。

家住千叶县旭市的渡边，本职工作是“钣金涂装”，绘画是他的业余爱好。五十五年前，二十岁的渡边在上高地邂逅了一幅风景画，画面上遥远的雪山、清澈的溪流，令他一见钟情。“那真是一幅美丽的画!”渡边说，“一开始，我还以为这样的风景只有欧洲有，没想到日本也有这么美丽的地方。”一星期之后，年轻的渡边便手持绘画板，出现在河童桥边。

上高地的美景，是渡边将绘画爱好坚持下来的理由。从二十岁那年开始，每年的春、夏、秋季，渡边都会带上帐篷和画板，来上高地写生，五十五年来，年年如此，从未间断。年轻时工作忙，一年之中有时只能在夏季到上高地住上十来天，现在年纪大了，不像年轻时那么忙碌，渡边住在上高地的时间也越来越长。去年他在上高地待了差不多近半年，今年则是7月15日到的，待到10月15日才离开。

在渡边帐篷前的桌子上，摆放着几册厚厚的留言本。那是从日本各处以及世界各地来到上高地的游客们写给渡边的留言——这些留言成为渡边在上高地坚守五十五年的精神支柱，且还将给予他源源不断的支持。应渡边先生的要求，我在他的留言本上写下了这么一句话：“五十五年来从未间断的执着，渡边先生让我看到了日本人的‘根气’。”

“根气”这个日文词，在日中词典里被翻译成“耐心”或者“毅力”，而在日语语境中指对于某种事物永不厌倦的持久与执着。我觉得，与“耐心”“毅力”相比，“永不厌倦”恐怕才是“根气”的真正核心。因为在“永不厌倦”中，存在着真正的乐趣。

我想，对于渡边先生而言，与来来往往的旅行者聊天，便是他身为“上高地的画伯”的最大乐趣吧。这是一种非常奇妙的生活体验。如果渡边先生穿着他那一身红衣红裤，走在东京那样繁华的都市街头，与过往的行人搭讪，恐怕不会有几个人搭理他；严重一点的话，甚至还有可能被人当成变态或者痴汉，报警唤来警察。

但在上高地那样纯净的自然之中，却不存在这样的问题。一身红衣红裤的渡边先生，走在清澈的梓川边，与青山绿水融为一体，成为人与自然和谐呼应的一道风景。没有人会拒绝来自一道风景的问候。事实也的确如此：当渡边先生站在森林的溪水边，跟过往的陌生游客打招呼时，几乎每一个人都友好地停下了脚步，面带微笑地回应他。处于自然之中的人们，一旦卸下在都市生活中种种自我设防的精神盔甲，一切便变得柔软舒展起来——语言轻松愉悦，笑容憨态可掬。

有一本题为《一个人老后》的书，在日本一度畅销。这是一本“独身老人手册”，目的是告诉都市里的独居老人，该如何料理自己的老年生活，如何面对孤独。若你到了上高地，见到自由自在地行走在上高地的渡边先生，你或许会觉得：如果我们的身边多一些上高地这样的自然，令人们的内心柔软，那些“独身老人手册”显然是多余的。

能麻烦你一下吗？不能

□E +

当你想要合理地麻烦别人时，那就利索地表达出自己的需求和想法，不用不好意思；而如果总是有人麻烦你，让你为难，也请你果断地拒绝他们！

生活中有些人总是喜欢“麻烦”别人，而且通常不觉得自己给别人带来了麻烦。那些遇到困难之后，总是习惯直接求人帮忙的人们，被称为“伸手党”。

为什么有些人总爱麻烦别人？仿佛在伸手党眼中，他们的要求根本不费你的事，举手之劳而已。“你伸伸手就能弄完，为什么不帮我呢？”但“举手之劳”应该是我答应帮忙之后由我来说，而不是你自己定义的。

我们一般会认为这样的人总是以自我为中心、人际边界不清，但这些都是从不爱麻烦别人的人的视角出发，对伸手党的看法。而那些非常敢于麻烦别人的人，在向他人提出请求和需求的时候，是这样理解的：反正就是多问一句话的事儿，别人答应我了当然好，要是拒绝了，大不了就不行嘛。心理上没有负担，是伸手党的核心特点。反过来看看那些不太喜欢麻烦别人的人，这样做的理由可能有几点。

一是我不麻烦你，你也不要麻烦我。有个同事坚守着非工作时间不谈工作的原则，暗含的意思是：“我不在下班之后打扰你，你也不要麻烦我。”这样做的好处就是大家真的不好意思麻烦他，也尊重他的私人时间。有时候新的合作伙伴不了解情况，在周末找他，他也能直接回说：“我周末不工作哦。”因为他认为最基本的人际交往规则之一就是：等价交换。

二是提出请求是件很耗能的事情。外出旅行，搬运行李时，我从来不会主动找人帮忙。因为对于我自己来说，开口向别人求助所消耗的心理能量，远远大于我自己搬箱子花费的体力劳动，所以还不如咬咬牙自己坚持一下。

三是万一被拒绝，那该有多尴尬。每一个害怕麻烦别人的人，可能都有过不同程度的“被拒创伤”。在鼓起勇气找别人帮忙之后，对方或者是委婉地拒绝了，或者没有像我们想象的那样愿意帮忙，而是语气有点心不甘情不愿的，虽然最后帮了你，但也让你很难受。我们可能会在心里想：他是不是烦我了？我这样是不是太讨人嫌了……

各种担忧和顾虑让我们变得更加敏感。而害怕麻烦别人，是个优点吗？

我一个大学同学和我一样不爱给别人添麻烦，她跟我说，其实有时候挺羡慕那些在求人的时候没有心理负担的人。她在工作上经常因为害怕给别人添麻烦，而不敢开口问，不习惯时常与他人合作对接，只顾自己埋头苦干，反而事倍功半。

虽然不想承认，但有些事，有时候还真就是一句话的事，问了也许就可以省掉很多麻烦。日本是个典型的不给别人添麻烦的社会，每个人都彬彬有礼，按照严格的规范来做事。但同时，我们也觉得日本社会多少有点冷漠，没有人情味。

于是有人说，朋友就是相互麻烦出来的，我们处在一个人情构成的社会。你麻烦我，我麻烦你，关系才一点一点维系起来。研究也证明，当你帮他人一个小忙之后，你对这个人的好感度也会提升。但前提是，这个忙真的要够小。这个忙得是那种不打乱别人原本计划、不需要花费额外能量顺手完成的。比如，让朋友拧个瓶盖，让身边高个子的人够个货架上的东西，等等。

我们需要明确的是，什么事情可以麻烦别人，什么不能，以及如何正确地麻烦别人，才能既把事情完成好，又不招对方讨厌。

那些害怕麻烦别人的人，因为没有掌握麻烦别人的正确技巧，所以常常产生两种类型的困扰。开口向别人提请求时很有负担：明明一句话能说完的事情，他们却因为担心自己给别人添麻烦或者不够礼貌反倒变得啰唆。在拒绝他人麻烦的请求时，会感到愧疚：有时候是碍于面子，有时候是心里想拒绝，但是嘴上却不能真实地表达出自己的想法，“顺嘴”就答应了。

要想避免这两种困扰，就需要我们带着决断力和他人互动。决断力指能够明确自己和他人的需求，以一种积极、合理的方式提出自己的请求。它是一种刚刚好的状态：既不显得粗鲁或傲慢，过分侵犯他人边界，也不过分让渡自己的权利。

以下这几点也许可以帮助我们拥有决断力，处理很多为难的情况：自由、公开地表达自己的需求、想法和感受，同时也尊重他人的合理需求；运用适当的非言语线索，沟通中直视他人；礼貌地拒绝他人；不论是否意见一致，都能够倾听他人并给予适当回应；能够承认自己的错误并道歉。

当你想要合理地麻烦别人时，那就利索地表达出自己的需求和想法，不用不好意思；而如果总是有人麻烦你，让你为难，也请你果断地拒绝他们！

日日是好日，只生欢喜不生愁

那些获得很高成就的人，往往总是欢喜的。他们在生活中似乎始终面带笑容，像是天生乐观的人。他们当然也会遇到问题和困难，只是更能以理性的心态去看待罢了。生命中总会遇到挫折，重要的是，别让挫折遮蔽了我们的眼睛。对那些富于智慧的人来说，日日是好日，只生欢喜不生愁。

打铁没样，边打边像

□明前茶

不要总等着“万事俱备”再做事，大胆做就是，因为在“做”中催生的智慧总能把前面的硬伤覆盖。在耐性与创造力的作用下，“做”就意味着成功。

《舌尖上的中国》第三季中，令人久久难以忘怀的，就是那一口据说是要经过三万六千次手工锻打而成的章丘铁锅。如今，这已经成了一口网红锅，经常有铁锅爱好者买不到锅，说破嘴要住进铁匠家打下手。铁匠范大爷对我说：“不过我知道，只要一乒乒乓乓锤打起来，恨不得要跟我学手艺的人，就会一哄而散。”

打铁的苦，很少有人吃得消。火光、热浪、噪声，火是四处迸溅的，水是甜腥灼热的。不管你站在炉子旁还是水缸旁，热铁淬火的腥味都会充塞了整个呼吸道，连唾沫都是一股子铁锈味。而就在这让人难以忍受的铁匠铺里，一块刚刚裁剪的铁皮，正在通过工匠有节奏的锤打，变成一口锃亮的铁锅，照得见你鼻梁上的毛孔。充分的锻造去除了黑铁中的杂质，使铁变得更纯粹坚韧，可以说，这口未来可以“容千般滋味，令镬气圆满”的锅，正是耐性与创造力的结晶。

在此起彼伏的锤打声里，我听见范大爷在劝导踟蹰不前的徒弟：“开始打吧，别追究这一锤子下去，力道是大了还是小了，你尽早开始才最重要。你会发现，瘪坑也好，凸点也好，粗糙的麻点也好，你打得足够多，一面打一面琢磨，一面打一面修正，这些之前的错误都会圆回来，要记得老祖宗的教导：打铁没样，边打边像。”

好一个“打铁没样，边打边像”！当你立志要做一项独创性较强的工作，比如打一口铁锅，织一幅绣品，写一部小说，发明一款前所未有的翻译软件，创造一个联结所有人的社交软件，等你把所有的关卡都想通了再行动，是不行的。你会被完美主义倾向和一系列的自我质疑搞得自信全无。灵感的来临只是一瞬间，创造的冲动也只是一瞬间，如何让那个只有1%可能性的绝妙主意发芽生长，变成参天大树？以“打铁没样，边打边像”这个理由，说服自己尽早动手，是极为重要的突破点。

以制造了一大拨哈迷的《哈利·波特》系列为例，很少有人知道，J.K.罗琳是怎么想出一个梦幻般的魔法王国的，她是怎样罗织出一个令“麻瓜”感到惊异的世界？魁地奇比赛、至尊魔杖、活点地图、隐身衣、飞路粉、复活石、鹰头马身有翼兽巴可比克，这些奇妙的细节是怎样与主人公在霍格沃茨的历险互相交织在一起的？——罗琳的经验就是“快点开始，先写了再说”。她是在曼彻斯特开往伦敦的火车上，因为火车故障想到哈利·波特这个戴圆框眼镜的男孩的，彼时，在充满雾气的原野上，奶牛们正缓缓行进。一个绝妙的、朦胧的故事轮廓出现在她的脑海中。

之后的两三年时间，她经历了丧母、结婚、离婚、失业等一系列动荡，一度只能靠政府发放的失业援助度日。然而，不管是在曼彻斯特还是葡萄牙波尔图，抑或是到苏格兰爱丁堡投奔妹妹，她都抓紧一切缝隙中的时间来写下想法和故事线，犹如一锤一锤地打铁。她当时极为贫困，打字机或最老旧的电脑，她都买不起。于是她只好收集一张张的废纸，包括曼彻斯特商会的作废报表、书籍的包装纸、备课用的活页纸，甚至是信封的背面，不停地手写下去。她用鞋盒子和一些废旧纸盒来装这些宝贝，给这些纸盒编上号。有些线索被推翻了，有些细节被重置了，有些纸片被清除，有些重新加入。她后来对《波士顿环球报》的记者说：“一开始，除了哈利是一名孤儿，他将踏上学习魔法的道路之外，我对这个故事能发展成什么样一无所知。有时候，我觉得它是自己长成这个模样的，有魔法捉住了我的手，把它写出来。我就是那个被故事弄得又哭又笑的第一读者。”

无论怎样艰辛，经过千锤万打，用后面的智慧把前面的硬伤一一覆盖，用更圆融更轻柔的叩击，将瘪坑与凸点都锤炼得如一面凹镜，她的“锅”打成了。她的小说折射的世界，让无数在现实中感到挫败孤苦的人，重获希望。

力所不及

□［美］安捷莉·莫哈帕特拉　译／夏殷棕

幸福就在我们身边，我们却常常没有把握住它。要想拥有幸福，我们需要正确地认识自己，把握自己现在所处的客观条件，去追求属于自己力所能及的幸福。

从前，有个人带着全家从乡村搬到镇上，他在镇上做生意，生意做得越来越好，他一直认为把家人从乡下接到城里是个非常不错的决定。他是个孝子，对老父亲非常孝敬。他是家里的独子，很小的时候，母亲生了场大病，永远离开了他们，所以，老父亲自然跟着他进了城。

可是他却永远忘不了乡村生活的魔力。他经常开着小车回到乡下，侍弄田里生长的作物，也给小时候的朋友们以照顾。他的妻子和五岁的儿子，每次都陪着他和他的老父亲回老家，3小时的路程，路两旁长着应季的树木，巨大的芒果树上挂满了还未成熟的芒果，整条路树影斑驳，安静、凉爽，行进在这样的路上，令人心旷神怡。广袤的田野里，成群的牛悠闲地吃着草，见有车辆经过，抬起头凝望着他们……

有一次，黄昏时分，他载着妻儿回城。夕阳下，一群牛慢悠悠地归家，牧童哼着乡村小调。突然，儿子指着远处问："爸爸，快看那头牛，为什么要在它身上绑那么大的一根毛竹，还系了一只铃铛？而且它为什么独自走在后面？"

他看着远处那头牛，慢吞吞地走着，铃铛"叮当"作响，回过头对儿子说："也许那头牛不听牧童的话，或者犯了什么错，因此受到了惩罚。"

他继续说："关于这个，还有一首美丽的歌谣呢！"

儿子听了好奇心更强了，连忙说："爸爸，是什么歌谣？唱给我听好吗？"

他微笑着唱起来。儿子看着爸爸，一脸迷惑，小家伙什么也听不懂。等爸爸唱完，他问爸爸歌谣是什么意思。他轻轻地笑了笑，说："等你长大了，就会明白它的意思了。”可是小家伙却坚持要他把意思现在就讲给他听。

他拗不过儿子，于是解释道：“如果你想获得友谊，要与好人交友，与坏人的友谊会给你带来麻烦。你看那头被绑毛竹和铃铛的牛，因为沉重的毛竹，它无法快速逃跑，因为它走到哪儿铃铛就响到哪儿，它无法隐藏自己的足迹，很容易被牧童找到。这头牛肯定是离开牛群，干了什么坏事，比如，糟蹋了田里的庄稼，于是要好好地教训它，还要给其他的牛以警示，所以牧童就给它绑了毛竹和铃铛。于是它独自在后面走。”

小家伙轻轻地摇着头，他知道孩子太小了，还听不懂其中的深意。

冬去春来，小男孩慢慢长大，完成了学业，有了自己的事业，成了非常富有的人。虽然他的童年很美好，接受的教育也很正统，可是在富有之后却逐渐偏离了道德轨道。爸爸将一切看在眼里，痛在心头，对儿子的前途充满担忧。

儿子在事业刚起步时，是一个脚踏实地的好青年。可是渐渐地他交了一些不好的朋友。爸爸对儿子价值观的改变忧心忡忡，他对儿子的未来焦急万分。

有一天，爸爸请儿子回来参加家宴，家宴安排在一家餐馆里，儿子同意了。他们一家来到餐馆，从一本精致的菜单里，他们点了菜，在等菜时，他们干坐着，没有人先开口说话。这时，从其他桌子上传来嘈杂的声音，人们说着话，笑着……侍应将菜端上了桌，爸爸问儿子：“儿子，现在工作怎样？”

儿子嘴里含着食物，等咽下去了，说：“挺好！”

爸爸说：“儿子，我听说你正筹划把公司卖掉，同你的朋友到海外发展，有这回事吗？”

“是的，爸爸。不过您是从哪里得到这个信息的？我本来想等所有手续都弄好之后，就把这件事告诉您的。我朋友说他会百分之百地支持我，我会赚更多的钱的。爸爸，这桩生意前景不错！”

“儿子，你当然会赚更多的钱，你是成年人了，我一点也不反对你到海外去发展，你对外界的了解比我多得多，我还是老观念。我只是有一点担心，时代在变，不过人性总是一样的，爱、恨、狡诈、背叛，在我们那个时代存在，现在存在，未来也一定存在。诱导你做这美梦的朋友绝不是你真正的朋友，你要好好想想，再做最后的决定。你还记得我们的那首乡村歌谣吗？”

“爸爸，您指的哪首歌谣？我什么也记不得了。”儿子回答。

爸爸笑着提醒儿子那头绑着毛竹系着铃铛的牛。儿子点点头，他说记起了那个场景，不过他还是想不起什么歌谣。

爸爸看了看周围的人，他们都只顾着自己的餐饮和欢笑，于是爸爸低声说：

“儿子，此刻，你应该明白那首歌谣的意思，三思而后行啊，免得后悔！你热衷于海外拓展，千万不要做我们力所不及的事呀，我们无从帮到你。”

在儿子的要求下，爸爸又解释了一遍那首歌谣的意思。饭吃完回家后，儿子心中有些担忧，爸爸的话一直在他耳边回响。道过“晚安”后，他们上床睡觉，儿子怎么都睡不着，他感到不安，他继续想，也许爸爸是对的，爸爸对他朋友的判断是对的，要是他的朋友背叛了他，他将一无所有！

那年，他才五岁，但是他仍能记得那头可怜的牛，慢吞吞、孤零零地穿行在田野，他觉得爸爸是在警告自己要认真思考未来可能发生的事。

也许，他已经决定不听他朋友的话去海外而过一种不确定的、孤独的生活，像那头牛，他不能去开拓一个自己力所不及的市场，一个爸爸力所不及的市场。

“实际上，任何人都不应该做力所不及的事情。”他想着，然后睡去，这一觉不知睡了多久。多少日子以来，这是他睡得最香的一觉。

不在河床上晒谷子

□张君燕

凡事不要有侥幸心理，唯有在规则内做事，才更有胜算。自己违背了规则却还寄希望于他人来为自己的不守规则让位，是更大的错误。

美国诗人惠蒂埃出生于马萨诸塞州黑弗里尔镇，父母都是农民，惠蒂埃自小跟着父母务农。有一年，惠蒂埃帮忙晒谷子，每天一早他要用车把谷子运到晒谷场，等傍晚的时候再运回来。由于晒谷场离家有点远，惠蒂埃觉得这样跑来跑去太麻烦，为什么不在自家附近找一片能晒谷子的空地呢？寻查了半天之后，惠蒂埃发现在一段干枯的河床中间有一大块平坦的空地，用来晒谷子简直再合适不过了！

"河床上怎么能晒谷子呢？"听了惠蒂埃的主意，父亲反对道。惠蒂埃则兴奋地解释："这是一段干枯的河床，根本没有水，而且平坦光滑，很适合晒谷子。我还专门跑去上游看了，大坝把水拦得死死的，负责的人说要一个月后才会开闸放水。""可是……"父亲刚一开口，惠蒂埃就打断了他的话，并拍胸脯说："您放心吧，这件事交给我了。"父亲还想再说什么，但因为手头上需要做的事情太多，就匆忙转身出去了。

在河床上晒谷子确实省时省力，惠蒂埃非常得意。到了第三天，惠蒂埃去收谷子时，却发现原本干枯的河床上现在满是水，哪里还有晒的谷子呀！惠蒂埃一下子慌了，问了大坝的负责人之后才知道，由于值班的工作人员操作失误开了闸，结果大水把惠蒂埃晒在河床上的谷子全给冲走了。

惠蒂埃沮丧极了，他不停地抱怨那个不负责任的值班员。"问题并不在值班员身上，孩子。"父亲拍着惠蒂埃的肩膀说。惠蒂埃反驳道："如果不是他操作失误，我们的谷子也不会被冲走呀。"父亲耐心地说："河床是用来干什么的？即使它现在是干枯、平坦的，看起来很适合晒谷子，但是它毕竟是河床，会随水位涨落而发生变化。你把谷子晒在河床上，就该想到它可能会被水冲走。”

父亲的话让惠蒂埃感到羞愧，也让他认识到了自己的错误。后来，惠蒂埃在一本书里写道：“永远不要在河床上晒谷子，这是对规则的违背。而自己违背了规则还寄希望于他人来为自己的不守规则让位，则是更大的错误。”是的，我们常常说凡事不要抱侥幸心理，而建立在错误之上的侥幸心理则更加要不得。唯有在规则内做事，才更有胜算。

过个属于自己的安息日

□张珠容

在这个快速转变的时代，不被互联网所累、只与自己交流的生活正在成为一种稀缺资源。适当地与世界保持距离，反而能让我们更清楚、更透彻地认知这个世界。

知名旅行作家皮科·耶尔有一次造访谷歌总部，不仅见到了所有外界传闻中的事物——蹦床、室内树屋、1/5的工作时间可以自由支配，还意外发现了许多有趣的事情。有位谷歌员工告诉皮科·耶尔，他正打算教许许多多的谷歌员工去练习瑜伽，将来让他们成为训练师。另外一个谷歌员工则向皮科·耶尔阐述了一本他正想写的书，一本关于内在寻索的书，以证明打坐、冥想等行为不仅能促进健康、明晰思维，还能增加情绪智慧。

皮科·耶尔感到很震惊。在他看来，很多谷歌员工自由活动的工作时间早已超过1/5，可公司从未想过下“禁止令”，而是任由他们“思绪乱飞”“胡作非为”。那之后，当皮科·耶尔又经历过不少类似的事情时，他渐渐理解了谷歌为什么不给员工下“禁止令”。

有一次，他在德国的法兰克福搭机，身旁坐着一名年轻的德国女子。在将近30分钟的时间里，皮科·耶尔与德国女子展开了非常友善的对谈。当对谈结束时皮科·耶尔发现，德国女子没有翻开此前打算阅读的书本，也没有打开预备用来工作的笔记本电脑。她只是静静地坐在那儿，并且时间长达12个小时之久。

在生活中，皮科·耶尔也注意到，越来越多的人刻意地试图在他们的生活中打开另一片空间。有些人会一晚花上几百美元，只为了将自己的手机与电脑上缴给度假接待处；有些人不再在睡前刷屏看信息，或观看在线视频，而只是关灯、听音乐，早早进入睡眠；有些和自己一样的作家，时不时会在页面中留下空白……皮科·耶尔分析了一下，得出这样的结论：花大价钱寄存手机和电脑的人是想要断绝与外界的联系，彻底放松身心，放空自己；睡前只做关灯、听音乐这样无聊事情的人，是希望有个良好的睡眠，隔天醒来更加神清气爽；在页面留白的作家，只是为了留给读者想象、呼吸的空间，让他们可以完整领会自己的思维与句法……

皮科·耶尔得到的总结论是：给生命留白是一种艺术。

对于留白和艺术这两个关键词，不得不提另一个词——“安息日”。

在以色列生活过的人，应该都对“安息日”印象深刻：从每周五的日落到每周六的日落，大部分店铺关门，街道上行驶的车辆稀少；很多家庭屋里的灯要在“安息日”来临前打开，因为触碰带电的开关是信仰所不允许的，所以即便是晚上睡觉，灯光也必须长明；高层的建筑里，也有专门的“安息日”电梯，即电梯在每一层都停，以免有人违背教义，伸手去触摸电梯里的按钮。

在“安息日”那一天，大家的主要活动就是家庭聚餐、朋友聚会，纯粹聊天。因为注重面对面的交流，所以对于信徒们来讲，一切其他的交流渠道都要关闭，比如不能使用电话、电脑或其他任何电子设备。

美国知名科技类月刊《连线》杂志的创始人之一凯文·凯利有一次在家里撰写一本有关最新技术的书籍。有意思的是，他家里完全没有智能手机、笔记本电脑或者电视，但他依然写得好好的。

和很多人类似，凯文·凯利也过“安息日”，不过他过的是“互联网安息日”。什么意思呢？就是在每个星期，他会抽出24小时或48小时彻底地下线，和互联网彻底隔绝。凯文·凯利说，那样他在重新上线时就能寻求到一些方向感。其实除了凯文·凯利以外，许多住在硅谷的人也过“互联网安息日”。他们说自己的目的很简单，就是想要忘记手中与世界联络的各类电子设备，给自己洗洗脑子，彻底静一静。

世界知名企业英特尔曾于2007年在300名工程师和管理人员中开展过一项试验：在每周二上午的四个小时时间里，参与试验的员工不能拨打或接听电话，不能上网，也不能使用电子邮件，他们要做的就是理清思路，聆听来自内心的声音。据说该试验结束之后，那300名员工提出的大多数建议被推广到了其他员工身上。

在这个快速转变的时代，不被互联网所累、只与自己交流的生活正在成为一种稀缺资源。我们每个人都在忙着与这个世界沟通，生怕自己被这个信息无限的时代抛下。但我们忘了，有时适当地与世界保持距离，反而能让我们更清楚、更透彻地认知这个世界。

去吧，是时候过个属于自己的“安息日”，停顿一下了。因有着这样的停顿，我们才有机会去阅读、去回味、去思考、去分享生命中的点滴感悟。

幸福来敲门的时候，请你弯下腰

□喇嘛哥

其实，所谓幸福，不过就是用感恩的心态看待生活的美好，用乐观的态度闯过一场场不测和责难。

有没有发现，幸福有时候很简单，就是由无数个小巧合和小惊喜兑现成一个现成的大幸福；幸福有时候又很琐碎，就是由无数个小满足和小确幸组合成一个蓬勃的大意外。而这些一点一滴的小确幸每天都在上演，有的人留在了心间，有的人却让它从眼前白白溜走。

约好了去看落叶，结果有朋友说，预报下雨。我说，雨打落叶也是别样的秋色，于是大家如约出行，结果是个晴朗的天。秋色自不必说，一丛红柳就可以各种角度拍摄半天，收获几张美图，拍者和被拍者都是满满的惊喜。望着天高云淡，每个人都觉得这是上天的眷顾和恩宠，感觉影子都有了光晕，这就是幸福！

出门旅行，因为攻略做得不好，预计到达的地方却走成相反的方向，误打误撞走进一处古村。这里民风恬淡，乡人淳朴，百年老宅泛着岁月的光泽，转角一丛一丛的青苔郁郁葱葱，扑鼻而来油泼辣子的香味，就像家乡的味道。

于是，在迎街的小铺要碗面，听着乡言俚语，吃得全身冒汗，大呼爽透了的时候，我觉得这也是幸福。

幸福来临的时候，是有预兆的。那些突如其来的惊喜、莫名的温暖，还有说不上来的感动，都是幸福来临的样子。

大雪封路突然有人敲门，推门进来的居然正是你牵挂的人，是一种幸福；寂寞旅途，四面沉寂，突然邻桌的人浅吟低唱一首老歌，还唱得那么深情专注，最难得的是那首歌正是你青春时期百听不厌的歌，是一种幸福；没有计划地去看一场电影，恰好每个镜头都仿佛在演你的过往，是一种幸福；想起那年在外地吃的进口水果，居然在超市的第二排赫然陈列，一模一样，价格还不贵，是一种幸福……

幸福很琐碎，需要你弯下腰，仔细寻找才能发现。

上班的早高峰，没堵车；去医院看朋友，刚好还有一个停车位；业内培训，初次见面的老师用你的业绩做案例；追剧讨厌的那个主角，最后果然遭到了惩罚；别人口中钩心斗角的职场，你遇到的都是好人；给自己写一首歌，却听哭了第一次谋面的人；拍一张心满意足的照片，得到一片赞美；发了一段人生感慨，收到很多推心置腹的留言；见到久别重逢的朋友，说起某件事情，两人的焦点依然惊人的一致；还完了所有的贷款；化解了一场误会；儿子集训，受到老师表扬；女儿又长高了一厘米；送人的小狗，突然出现在家门口；甚至，那么绝望地想念一个人，居然在梦里清晰地见了一面……

幸福就裹挟在每天经过的日子和脚步里。

还有，一个五音不全的人，心中流淌着天籁般的旋律；一个马马虎虎的人，总有些细腻的心思说给你听；一个把运动美学当作摄影教材的人，能与你分享美学的理念；一个异乡漂泊的游子，交了一群至诚至善的友人……

这些，又岂止是幸运能解释清楚的幸福？

其实，所谓幸福，不过就是用感恩的心态看待生活的美好，用乐观的态度闯过一场场不测和责难。所以，当幸福来敲门的时候，请你弯下一点身子，让那些细碎的、微小的惊喜经过你的身边。同时，请由衷地说：“我怎么那么幸运？”

可赏玩

□何　菲

太阳慢慢离去，揭开群星的面纱。万物都有美丽的一刻，自然也有逝去的时辰。不妨去体味所有美好的瞬间，这样我们独自漂泊，最后才能安然成为群星中的一员。

日本有个典故：父亲为茶会做着精心准备，儿子仔细打扫庭院后，父亲摇头。儿子再度认真清扫，父亲仍不满意。如此往复再三，依然如故。儿子不解。父亲轻摇枫树，撒下了一地落叶，父亲依颜色的不同将其错落码放。儿子恍然大悟。

用极大的刻意追求自然荒芜之美，在日本传统文化中较为普遍。京都有个园子，那次去不是秋天，庭院里却散布着几枚爬满青苔、铺着红枫叶的石头，仔细端详，红叶是经过处理不会随风吹落的。柊家是川端康成情有独钟的和式旅店，看似普通，入住其中却无时无刻不能领略到对于刹那间诗意及对普通细微事物之美的表现。

此季的东瀛，吃流水素面是古老的风俗，也是一种饶有情致的美学表达。日本人讲究细节礼仪，唯独在吃面时能酣畅淋漓地发出吸溜声。这让人想起清少纳言的《枕草子》，全篇多以“可赏玩”开头，赏玩的不是外在，而是内里某种难以言喻的微妙氛围和情感。

在关东千叶县九十九里滨，我第一次吃到微烤初鲣。将新鲜鲣鱼用稻草烤成外熟内生，然后用菜刀拍打鱼肉使肉质紧实。如此烹法，鱼皮焦香，而红色鱼肉却基本是生的。鲣鱼是我在日本小说里时常读到的美食。这是一种生活在温暖海域的洄游性鱼类，春季沿黑潮北上，秋季沿亲潮南下。日本人自古就迷恋吃初鲣，他们对“初物”（即时鲜货）都有着无法言喻的好感。初鲣在淡淡的宿命感中凸显的辽远而纯粹之情，颇为符合东瀛在平安时代就出现的独特的美学观点：物哀。

物哀似乎是日本的文脉。物是所欣赏的客体，哀是情感体验，感受、欣赏、惋惜又悲悯万物，以人生无常，芳华易逝，生灭必然，永恒徒劳为基调。村上春树说：“不管是樱、萤或枫，都会在极短的时间内失去它的美丽。我们为了目击那一瞬的光彩，路途再远也愿意前往。”在川端康成的作品中，四季风物的描写无不弥漫着物哀情怀。

春天赏樱、夏天戏萤、秋天观叶、冬天品雪，茶道、能乐、和歌……这些延续到日本现代生活中仍颇有仪式感的行为和艺术，有一种寂寥伤感。作为一个火山、地震、海啸多发，又深受禅宗影响的东方岛国，“瞬间即永恒”是根植于日本文化体系中的直觉性哀感。共情于风月，睹物哀，与物同哀。让人想到一句诗：所有的事物，我都要看上两遍，一遍让我欢欣，一遍让我忧伤。

辛毗的“胆量”

□清风慕竹

“直”是品格，“正”因无私，当一个人不把自己的进退得失放在眼中，还有什么可怕的呢？

魏明帝青龙二年（公元234年），诸葛亮六出祁山，大举伐魏，关中震动。魏明帝命大将军司马懿率军抵抗。诸葛亮力求速战，又是派人到阵前辱骂，又是送女人衣服，弄得素来老成持重的司马懿也气愤难当。魏明帝得知情况，急忙派出一名使者，担任大将军军师，持节赶赴魏军大营，遏制诸将行动。诸葛亮派去窥察敌情的人回来报告说：“魏营中部队整装待发，可是营门口有一位老者，手里拿着黄钺，面对营门而立，没人敢踏出一步。”诸葛亮大吃一惊，说：“这一定就是辛佐治。”

诸葛亮说得没错，这个在魏军营前“一夫当关，万夫莫开”的人，正是辛毗辛佐治。照理说，魏军将士个个如狼似虎，怎么会听命于一个老头呢？因为这个辛毗可是个狠角色，连皇帝他都敢“动手”。

有一年，魏文帝曹丕想把冀州的十万户人家迁移到河南，以充实首都洛阳附近的人口。当时连年蝗灾，百姓饥饿困顿，故而这项决策遭到了群臣的一致反对，曹丕很生气，大发脾气，一意孤行。

这一天，辛毗和一批朝臣请求皇帝召见，曹丕知道他们的来意，面沉似铁地看着他们。大家一见皇帝脸色不对，吓得都没敢吭声。这时辛毗朝前迈了一步，从容问道：“陛下，如今久旱不雨，蝗虫成灾，真是赤地千里，饿殍遍地，在这种时候，您怎么能忍心迁移百姓呢？”

话一出口，就有点噎人。曹丕听了很不高兴，虎着脸责问辛毗说：“怎么，你以为迁民不对吗？”辛毗说：“确实不妥。”曹丕见辛毗敢当众反对自己，气得脸色发紫，说："不和你谈这些。"辛毗可不管皇帝高兴不高兴，仍旧步步进逼："您并不认为我是无能的，所以把我置于您的身边。向陛下提出意见和建议，是我的责任；虚心听取臣下的意见和建议，是陛下您的本分。何况我提意见，是为了国家大计，不是出于一己之私，陛下对我发怒，是没有道理的！"

曹丕知道说不过他，索性置之不理，站起身来就要回宫里。辛毗一见急了，紧走几步，就追到了曹丕的身后，一把就把皇帝的衣袖拽住了，意思是话还没说完呢，你走了可不行。曹丕也急了，用力甩开辛毗，头也不回地进到内殿去了。

辛毗这一动手，可把跟他来的大臣们吓坏了。要知道，那时的封建礼制非常严厉，在跟皇帝谈话的过程中，随便抬头看皇帝，那就是"仰面视君，有意刺王杀驾"，可以拉下去处死的，更不用说对皇帝拉拉扯扯了。于是大臣们纷纷上前劝辛毗快走，别再招惹皇帝生气了，辛毗却不为所动，非要等皇帝出来不可。

过了一会儿，曹丕气也消了些，重新回到殿上，见辛毗还站在那里，便无可奈何地说："辛毗，你抓我的衣服为何如此急切呢？大庭广众之下，让我下不来台。"辛毗诚恳地说："饥荒年月，强迫百姓迁徙，又没有粮食接济他们，必定使他们心怀怨恨，失去人心，因此我不得不力争陛下收回成命！"

最终，曹丕不得不妥协，将迁移人口削减一半，辛毗因此闻名天下。试想，连皇帝都惧他三分，魏军的将士怎么敢在他面前撒野呢？不过，人们不禁还是要问，辛毗何以有如此的胆量呢？下边的事或许就是答案。

魏明帝即位后，中书监刘放、中书令孙资极得宠信，专断朝政，朝中大臣无不设法攀附，唯有辛毗不与他们往来。儿子辛敞劝他说："而今刘、孙主管朝政，众人巴结唯恐不及。您还是稍稍有所屈尊，和光同尘，要不然他们一定该诽谤您了。"辛毗严肃地说："当今皇帝虽然说不上聪明，可也不是个昏庸顽劣之辈。我立身行道，自有自己的标准。就算是我与刘、孙二人不和，顶多不让我做三公而已，还能有什么危害？哪有大丈夫为了三公的头衔而摧毁自己气节的呢？"后来，魏明帝有意让辛毗出任宰相，刘放、孙资二人果然从中阻挠，升迁的事就此泡汤。很多人为他惋惜，辛毗却安之若素，不以为意。

《三国志》中，陈寿对辛毗的评价是："刚亮公直，正谏匪躬，亚于汲黯之高风矣！"意思是说，辛毗刚直公正，敢于"逆鳞"劝谏，丝毫不亚于汉武帝时汲黯的高风亮节啊。是啊，"直"是品格，"正"因无私，当一个人不把自己的进退得失放在眼中，还有什么可怕的呢？

一生缘分，我不难过

□一把青

所谓亲情，并非单纯血缘的联系，而是彼此共同经历过的往事，它们在彼此心中留下痕迹又退去，令人坚强而安谧。

奶奶离开前，我最后一次去探望。因为癌症脑转移，她久久昏迷，躺在用了六十年的雕花床上，长睡而无痛苦，一如她的心愿：在家最好，不要去医院。爸爸在一旁凝视她的脸，久久才说一句："这一把头发，也要带到天国去了。"

就在两个月前，奶奶还每天在外奔忙好几个小时。往家里打电话总也没人接，我们都说她是关不住的鸟。去超市、逛菜场，她骑着三轮车，把一天安排得满满当当，动辄扛几十斤大米，狼吞虎咽地吃饭。儿女们劝了又劝："您慢一点，这么大年纪多危险"。她不听，拍拍胸脯比个大拇指："我是饭桶呢，有的是力气。"她心态年轻，吃的用的都与时俱进，喝珍珠奶茶，吃薯片鸡翅，没事泡点咖啡，七十多岁还去美容院做脸。八十岁大寿，她也学别的老太太添置了个金手镯，却收在抽屉里一天也没戴过，"等我老了再戴"，她总这么说。她的母亲活到了九十九岁，而她的计划是活一百岁，她对身体好引以为傲，又要强，总归是要比九十九岁再多一岁，才有面子。

其实这几年，她的身体没那么好了。爷爷3年前去世，她同年查出肠癌，手术后被儿女蒙在鼓里。她出院没两天就去买了几十斤牛肉，告诉邻居消失的这几天是去女儿家玩了，热热闹闹地拎回家，张罗着烧好了给孩子们送去。那年我在香港读书，父母在奶奶手术后才告诉我这事，我连毕业典礼也不参加了，订了机票回去看她，在机场一边哭成泪人，一边豪购燕窝补品。进了她家门，她一如既往地弄好了菜在等着，大闸蟹、土豆牛肉丝、芹菜炒干子，还有我最爱的白切鸡，仿佛什么都没发生过。怎么跟电视剧里癌症患者不一样？我暗想，只能叮嘱她："这些燕窝不便宜，你要都吃了，别给小区里的保洁员、门卫和邻居送去。”

慷慨又热心，是她的一贯作风。她心灵手巧，一台蝴蝶牌缝纫机做遍了全家人的衣服；她吹口琴、听音乐，家里总是悠悠扬扬地放着邓丽君；南瓜饼、麻辣汤、茴香豆、干切牛肉……她吃一次就会做。我妈爱吃八宝粥。她就一大锅一大锅地煮，家里没人，就冒着严寒酷暑送到她单位去，“又不费事”，她说。今年过年回家，我跟她说，香港煎饼卖得贵，35块钱一个呢。第二天还没睡醒，她一路高呼“煎饼来了”杀进房间。原来她天刚亮就出门，买了8个热气腾腾的煎饼切成16瓣，浩浩荡荡摆成一排，放在我面前。有时候回想，她自己吃得简单，泡饭或咸鸭蛋就是一餐，也许并非对烹饪多有情趣，不过是为我们忙。

她是不愿意把关心和爱护挂在嘴边的人。爷爷去世后，葬礼扫墓她都没去，说墓碑上刻着自己的名字看着害怕，爷爷的衣衫鞋袜，却一件不让扔。有一次我们吃饭，她突然拍拍我指着床头柜说，你看，老兔子在那做窝呢——台灯边，她不知从哪儿弄了个兔子玩偶，头顶插着灿烂的向日葵。爷爷是1927年生人，属兔，他们都是回族人，去世后家中不设遗像，我知道她是在纪念他。

奶奶有想过死亡将至吗，还是揣着明白装糊涂？我后来反复思考这个问题，多年前有一天，我们聊起退休的话题：“你退休要再过三十八年，三十八年之后……还害怕啊？”她指着街边的自行车念叨：“人不比东西，一辆自行车放在那儿能一直放着，人说没就没的。”

人说没就没的，而奶奶爱恨浓烈的一生，定格在了八十五岁这一年。百岁大计，她食言了。

最后几天，她24小时里只有几分钟清醒。夜深人静时我偷偷起床，在她床前发表几小时的演讲，从我小时候她带我做蛋糕、批发冷饮开始，成长记忆细说从头，讲着讲着不禁垂泪，委屈地抓着她的手说：“特别难过。”“不要难过。”她却对我说，我甚至怀疑是出现了幻听，“你是不是让我不要难过？”她点点头，眼神却已望向一片遥远的苍光中。接着我拿小汤匙喂她水，“谢谢哦，”她又说。我破涕为笑，撒娇地怪她：“都什么时候了，你还谢谢我。”

“谢谢哦”，是她在人间给我留下的最后一句话。这是多么美丽的事啊，一生缘分，我不难过。

以风声，以水响

□西　窗

有一天，当我走过蔓草荒烟，我便在那里向你轻声呼喊——以风声，以水响，以世界上最温柔的声音叫你的名字。

“静是响亮悦耳的。”普里什文说。

静下来，才听得见人间美好的声音。明人陈继儒曾历数：“论声之韵者，曰溪声、涧声、竹声、松声、山禽声、幽壑声、芭蕉雨声、落花声，皆天地之清籁，诗坛之鼓吹也。然销魂之听，当以卖花声为第一。”

好声音何止这些，还有：木鱼声，寺庙钟声，平畴一隅稻桶打稻谷声，官道上马项铃清亮细碎的声音，长安万户捣衣声，僧敲月下门，声音叠着声音的蝉鸣，一枝叫作孤的梅和一声叫作独的鸟啼。笃！笃笃！更声渐渐远去……

记忆总是声音的回响。小时候，早晨醒来，先听见母亲在灶头忙碌的声音，和父亲一言一语说话，锅碗叮当，柴火噼啪，饭菜香气声——香气也是声音，它们会流淌，会漫溢，让人心里暖和安定。

听过蒲公英梳头的声音吗？起风的时候，蒲公英的头发互相轻触着，像磨砂纸那样沙沙的一阵细响。转眼间，它的头发，全被风儿梳掉了！

听过蚂蚁小跑的声音吗？听过雪花飘落的声音吗？雪花飘啊飘，落在面颊上，微微的一阵暖意，小雪花满足而温柔地笑了。还有，花开的声音呢？在鸟鸣中醒来是有福的。然后开始一天的市井，市井也是好声音，能定张爱玲的神。

黄昏最寂寥，偶尔传来狗叫声，几只麻雀仿佛应和着这种寥落。月色无处可逃，人的心事也无处可逃。总要有一个安全的去处，在这萍水相逢的夜，来几段笛音，或者二胡也好——二胡不见得都悲伤，如刘天华的《空山鸟语》。

雨漏过破屋烂瓦，在盆子上、瓶子上撞击出动听、轻灵、富有生命的声音。我记得阿炳的一首曲子，灵感就来自漏雨。

雨在天空中是没有声音的。我们听到的雨声是雨落在屋顶、路面、水面、树叶上的声音。所谓雨声，是雨在即将消失时发出的声音——雨声拆开雨的一生。一灯昏黄，雨敲着窗棂，握书，那种时刻特别安宁。一任阶前点滴到天明。

小时候，家里倾尽财力置办了一台唱机，每天放着越剧、婺剧、黄梅戏，还有沪剧。正如王朔那般所言："放了音乐，黑屋子就远了，黑暗就华丽起来，四角通透开了窗户，仿佛一座露天花园，再远还有金山银山，还有陶瓷，海，还有塑料，晴空，眼前人物，一盆盆旋宽，琉净，擦亮新画面，一辈子一辈子历历在目……"

当年沈从文听着收音机给张兆和的信这样写道："收音机中正播送最好听的音乐，一个女子的独唱，声音清而婉，单纯中见出生命洋溢，如一湾溪水，极明莹透澈，涓涓而流，流过草地，绿草上开遍白花。且有杏花李花，压枝欲折。"

刚工作那一阵，我痴迷过广播剧，记忆最深的是听完整部《平凡的世界》。干枯饥渴的年月里，收音机用声音让我尝到了甘泉的滋味。

人世的一切就这样从各种声音中汹涌而来，带着世俗生活的全部声色与热闹，把我们席卷而去，带到这个喧哗而静谧的世界。

我爱这个丰富而独特的世界，爱这些销魂的声音，爱那些个黄昏和早晨，行过的人和事。"我的心总得为一种新鲜声音、新鲜颜色、新鲜气味而跳，为人生远景而凝眸。"

踩着枯叶的咔嚓声，踩着雪地的咯吱声，嘎吱……嘎吱……天哪！我有多喜欢铺满落叶的小径，走向深秋，走向你。有一天，当我走过蔓草荒烟，我便在那里向你轻声呼喊——以风声，以水响，以世界上最温柔的声音叫你的名字。

尴尬体质

□韦景三

真正为他人着想，甚至不惜让自己陷入尴尬境地的人，运气不会太差。

我发现我有一个异于常人之处，那就是每当身边有人陷入尴尬境地时，我就会不可控地做出更尴尬的举动。

比如在上幼儿园的时候，我同桌放了一个响屁，大家都朝我这边看过来，还没有来得及发笑，就听到了我“嘘嘘”尿裤子的声音。他们哄堂大笑，然而被嘲笑的对象已经变成了我，谁放了个屁根本不会有人记得。

中学时的演讲比赛，排在我前面的女生很紧张，她磕磕巴巴、手足无措，憋得满脸通红。等她艰难而又急切地结束了演讲，轮到我走上了讲台。我打开演讲稿，字正腔圆、感情充沛地念出上面的内容：“慕容雪呼吸急促起来，她浑身无力地倒向龙傲天……”这是我上课无聊时和好朋友一起写的小说，等我发现异常要改口的时候，已经来不及了。

就这样，从小到大，我一直都是朋友圈里的笑料。

我的朋友很多，而且他们去哪儿都乐意带着我。一开始我以为是我人缘好，后来才发现他们是觉得只要有我在，再怎么样也不会难堪过我。不过我也乐得跟着他们去蹭吃蹭喝。

这次是室友要请一个女孩吃饭，本来不该我去的，但是他太紧张了，怕自己到时候会出糗，便拉上我做个保底。

他们约在一家高档的西餐厅见面。巧的是对方也带了个室友，室友对着他心仪的姑娘，我对面是另一个女孩儿。她穿着一身浅蓝色连衣裙，黑色长发垂到胸前。她说了一句“你好，叫我小希就好”后，就不再看我，偶尔和我目光相对也慌忙低下头去。

服务员拿来菜单，问我们牛排要几分熟。

小希说："我要八分熟的。"

服务员愣了一下，说："不好意思，牛排一般只有一、三、五、七分熟度和全熟的。请问您是想要七分熟的吗？"

小希的脸一下子红了起来，小声说："是的。"

我合上菜单，对服务员说："给我拿双筷子，再来碗米饭。"

面对服务员疑惑的目光，我的嘴不受控制地说："我想吃盖浇饭了。"

这样，关于我的谈资又多了一笔——"那个把高级牛排最后整成盖浇饭的土鳖"。

对于这样或打趣或嘲笑的话语我早就习惯了。真正让我意外的是，小希主动加了我的微信。她向我道谢说："谢谢你那天帮我解围。"

解围？我只是触发了被动技能而已。但白捡来的人情谁不要？我回道："不客气。"

她发了一个笑脸说："你一点都没变呢，还是那么有趣。"

"你认识我？"

"当然了，不过你好像已经不记得我了。"虽然隔着屏幕，但是我好像看到了她失落的样子。

"我们从幼儿园到高中都是同一个学校，幼儿园的时候，我们还是同桌呢。"

不用想了，我幼儿园的同桌只有一个。我问："刘小希？"

"对的。"她回道。

那天我们聊了很多，我好像是第一次遇到这个姑娘，又好像是已经和她相识许久了。

后来我们经常聊天，有时候还一起出去吃个饭什么的。

再后来，在我们的婚礼上，我的一个朋友问她："你怎么看上这个活宝了呢？"

她说："这要从我们上幼儿园的时候说起了。那时候我们俩是同桌，有一天上课的时候我突然放了个屁……"台下有人笑出了声。

"同学们都在看我，他就悄悄地打开了水瓶子，往自己裤裆上倒水，别人就以为他尿裤子了，所以也就没人再关心刚才那个屁是谁放的。""噢……"人们开始起哄。

"中学时，有一次演讲比赛，我本来准备得挺好的。结果一到台上看到那么多人，什么都忘了，说话的时候声音都是抖的，我那时候的脸肯定特别红。演讲完下台的时候我就哭了。当时他是在我后面演讲的，他在阶梯上和我擦肩而过的时候，对我说：‘没事儿的啊，我保证你不会是倒数第一，而且不会有人记得你演讲得怎么样。’”

“总之……”她转过头来，看着我的眼睛说，“真的谢谢你，你是个特别好的人。你曾经跟我说过，你觉得自己就是尴尬体质，但哪有那种体质呢？你只是不想让别人难堪而已，我知道的。”

留一线自在的呼吸

□明前茶

从容是一种理性，一种坚忍，一种超然的人生境界，一种超然世外的意识。拥有了从容，在生活中才会处之泰然，不因太过兴奋而忘乎所以，也不因偶然过失而无法自拔。

在采访花丝镶嵌国家级工艺美术大师程淑美时，这位在业界被尊称为“程观音”的女士，有一句话深深打动了我：“干我们这一行，新手与老手的区别在哪里？手法的精细娴熟，还是对工具的创造性运用？都不是，说到底，就是对呼吸的控制能力啊。”

花丝镶嵌这种工艺，在影视剧中我们见过不少。皇后的凤冠，嫔妃的金簪，皇帝放在书案上的文房宝车，都是这种精细工艺的结晶。这种古老的黄金工艺的烦难之处，一是备料，二是焊接，三是填丝。每一步，都是对浮躁人心的极致磋磨。光是备料，就需要熔金成条，将手指头粗细的金条一次次地穿过大理石丝板中大小不一的眼孔，利用黄金别具一格的延展性，将金条拉拔为金丝。

堪当花丝原料的素丝得有多细？直径必须达到0.12毫米，这个直径与一般人的头发丝一模一样。而拉拔出来的滚圆素丝还不能直接用，必须经过“撮丝”环节变成“花丝”。光是最常见的“花丝”品种，就有竹节丝、螺丝、麦穗丝、凤眼丝、麻花丝等不同的花样。稍有不慎，就会出现断丝、歪丝等问题。

应该在全神贯注的紧张感中屏息工作吗？程淑美淡淡地笑了：“要全神贯注，又要保持一点自在旷达的心性。你的心神要高度凝聚，可是心弦决不能紧绷。我做学徒的时候，只要一屏住呼吸，手上的金丝就会断掉。后来师傅翟德寿先生跟我说，拉丝就像武侠电影中大侠们拉出的剑气，你越是能自由自在地收放气息，就越是能在分秒间掌控力度。你就会觉得，那金丝是你自己吐出来的一线锋芒，或者一声气若游丝又萦绕不绝的仙音。”

拉丝过后，焊接与填丝的成功，道理也是如此。以填丝为例，先要用稍粗的花丝“掐”出花朵、雀鸟或凤凰的骨架，接着用更细的花丝弯成图案，粘上粘胶充填在骨架的中央，成为细腻典雅的图案。工匠经常要在不足一平方厘米的空间内工作，手一抖，就粘歪了。特别让学徒们想不通的一件事就是：越是想粘好，越是屏息以待，失败的概率就越高。程淑美教徒弟的时候，会有意识地在晨课上教他们太极、冥想和瑜伽。因为唯有能控制紧张情绪的人，呼吸才能沉稳练达、不疾不徐，手上对金线的控制能力，才会摆脱僵硬与匠气，变得自由灵动。

尽可能放下得失心，紧张情绪才不会把你的自由表达腐蚀掉。

相信一双清澈的眼睛

□孙建勇

诚信是力量的一种象征，它显示着一个人的高度自尊与自信。尽量不要失去信用，因为失去它，你将失去比某种具体事物更珍贵的东西。

克拉鲁瓦先生是个好人，这是很多人对他的评价。在法国巴黎的拉丁区，克拉鲁瓦先生和妻子经营着一个名叫弗兰德的低成本小旅馆，生意不好也不坏。

1956年的一个傍晚，旅馆里来了个三十岁左右的客人，他拎着一只皮箱，衣服光鲜，一头卷发下的那张脸略显憔悴。办理住宿登记时，客人说："我需要一间比较安静的房间，以便我写作。"克拉鲁瓦先生边点头，边仔细查看客人的证件，那是一本记者证，上面写着的职务是哥伦比亚《观察家报》的驻欧洲记者。克拉鲁瓦先生早年也曾萌生过做记者的念头，所以对记者颇有好感。于是，在收取少量定金后，他吩咐妻子把记者安排住在八楼西边的一个房间。那里是弗兰德旅馆的最高层，也是最安静的地方。

转眼过了一个月，妻子提醒克拉鲁瓦先生："我们该收取八楼那个记者的房租了。"克拉鲁瓦先生应道："嗯，他晚上回来的时候，我问问他。"傍晚，记者回来了，他满脸疲惫，头发凌乱，衣服也没上次光鲜，显得皱皱巴巴。"这一个月，您住得还满意吗？"克拉鲁瓦先生微笑着打招呼，没有直接提房租，"您需要续租吗？"记者点着头，有些羞涩地说："当然需要。只是现在我手头比较紧，可能暂时还不能支付房租。不过，我正在写一部书，到时我一并支付吧。"克拉鲁瓦先生看着记者的眼睛，笑眯眯地说："没问题，我相信你。"

又过了一个月，妻子再次提醒克拉鲁瓦先生收取记者的房租。可是，克拉鲁瓦先生发现，记者的状况似乎越来越糟糕，头发凌乱而长，显然很久没有理过；面色苍白，显然是因为营养不良；衣服肮脏不堪，而且已经磨破。"你是不是遇到麻烦了？”克拉鲁瓦先生碰见记者时关切地问。“是的，克拉鲁瓦先生，我现在的确很困难。我的创作正处在关键时刻。请您一定要相信我，我会还您房租的。”面对克拉鲁瓦，记者显得很难为情，极力解释着。克拉鲁瓦先生看着记者的眼睛，对他的话深信不疑，也不打算再催促他缴纳房租了。

又过了很长时间，记者的状况似乎根本没有好转的迹象。有天一大早，记者拎着破旧的皮箱，找到克拉鲁瓦先生，说：“为了书稿的事情，我需要离开一段时间，我是来向您告别的。请您放心，我欠您的房租一定会还上的，我保证。”克拉鲁瓦先生看着记者的眼睛，说：“好的。一路顺风！”

然而，记者这一走就音讯杳无。在此后很多年里，妻子一直责备克拉鲁瓦：“你怎么就那么相信一个骗子的鬼话呢？”克拉鲁瓦总是默默承受，不作辩解。直到临死的时候，他才拉着妻子的手说：“亲爱的，请相信那个记者绝对不是骗子，因为我看见他拥有一双清澈的眼睛。”

1967年，也就是克拉鲁瓦先生去世后的一年，克拉鲁瓦太太终于相信了丈夫所说的话。当年那个落魄的记者在离开了十多年之后，果真回到了弗兰德旅馆，将超过房租数倍的现金交给了克拉鲁瓦夫人。那一刻，克拉鲁瓦夫人发现，他的确拥有一双清澈的眼睛。又过了十五年，令克拉鲁瓦夫人更加吃惊的事情发生了，她从报纸上发现，这一年的诺贝尔文学奖得主，竟然就是还钱给她的哥伦比亚记者，他的名字叫加西亚·马尔克斯。

马尔克斯在其不朽巨著《百年孤独》中写道：“守信是一项财宝，不应该随意虚掷。”

整整十年，他用自己的行动为这句话写下了生动的注脚。

逃避苦难

□毕淑敏

我们没有必要承受不必要的苦难，但当苦难像飓风一样无以回避地迎面扑来时，我们也该勇敢地迎上去，任沙砾打得遍体鳞伤，任头发像一面黑色的旗帜高高飘扬。

万里迢迢，到了甘肃敦煌。鸣沙山像一个橙黄色的诱惑，半明半暗卧在傍晚的戈壁上。

人们像朝圣似的扒下鞋袜，一步一滑地向沙顶爬去。

“你是想后来居上吗？”友人从五层楼高的沙坡上向我招手。

我抱着双肘，半仰着脸对她说：“我不爬山。”

“那你怎么到达山那边如画的月牙泉？”

“雇一匹骆驼。”

“要是雇不到骆驼呢？”友人从六层楼高的沙丘上向我喊话。

“那就只好沿着山根转过去。”

“这可是鸣沙山啊！”友人已经到了七层楼高的沙峰。

“不管是什么山，只要给我选择的自由，我就不爬。”

“我憎恶爬山！”

我对友人喊，她已经到了十几层楼高的沙崖，没有回头。

她没有听到我的话，听到了也不会赞同。

经历是我们爱憎的、最初的和永远的源泉。

我曾经穿行于世界上最高的峰峦与旷野，山给予我太多的苦难。那个时候我十七岁，当现在的女孩娇嗔地把这个年龄称为“花季”的时候，我正在昆仑山上度着永远的冬季。

在最冷的日子里，我们要爬很多皑皑的雪山。我背着枪支、弹药、十字箱、雨布、干粮、大头鞋、皮大衣，还有背包，加起来六七十斤。

第一天行进的路程，只是爬一座山。那座山悬挂在遥远的天际，像一匹白马的标本。

还没有走到山脚下，我就一步也迈不动了。宿营地在山的那边，遥远得如同我已死去了的曾祖父母。我完全不知道自己将怎样走过这漫长的征途。

缺氧使我憋闷得直想撕裂胸膛，把自己的心像一穗玉米那样扒出，晾晒在高原冰冷的阳光下。

生命给予我的全部功能都成了感受痛苦的容器，我的眼珠被冰雪冻住了，雪花像六角形的芒刺牢固地粘在眼皮上，绝不融化，眼睛像两只雪刺猬。呼呼的风声将耳膜压得像弓弦一样紧张，根本听不到除此以外的任何声响。关节里所有的滑液都被冻住了，每走一步都感觉到冰碴儿的摩擦。手指全然失掉知觉，感到手腕以下是光秃秃的……

时至夜半，我仍未走出那座山。我慢慢地、慢慢地倒向昆仑山万古不化的寒冰。我不走了，一步也不想走了，走比死亡可怕得多。枕着冰雪，仰望高海拔处才能见到的宝蓝色天空，我愿意永不复生。

参谋长几乎是用枪逼迫我站起来重新走。

从此，我惧怕爬山，仅次于死亡。

惧怕爬山，实际上是惧怕苦难。山，这些地球表面疙里疙瘩的赘物，驱使我们抵抗地心强大的引力，以自身微薄的力量把自己举起来。当我们悬浮在距海平面很高的山峦上，以为自己很高大，其实我们不过是山的玩偶。

苦难是对人的肉体和心灵的酷刑。那些叫嚷热爱苦难的人，我总怀疑他们未曾经历过刻骨铭心的苦难。或者曾将苦难与苦难换取的荣誉置于跷跷板的两头，他们发现荣誉飘扬在半空，遮蔽了苦难，他们觉得值。

苦难是对人的信念最残酷的锤打。当你饥肠辘辘，当你衣不蔽体，当你的尊严被践踏于泥泞之中，当你纯洁的期冀被苦难蚀得千疮百孔之时，你对整个人类光明的企盼极有可能在这“黑海洋”中颠覆。命运之舟破碎了，只剩几块残骸，即使逃脱困厄的风口，理想也受到致命的一击。再要抬起翅膀，需要积蓄永远的力量……

经受苦难而不萎靡、不沦落、不摇尾乞怜、不柔若无骨、不娼不盗、不偷不抢、不失魂落魄、不死去活来，是天才、是领袖、是超人，非平常人可比。

然而历史是平常人创造的。

幸亏人类害怕苦难，人类才得以不断进步、发展、繁荣。假如人类什么都不怕，什么都满足，那么至今还穴居山顶、茹毛饮血、火种刀耕。

最稚嫩、最敏感的部位最怕疼，例如我们的手指尖。粗糙它、磨砺它，指肚便会结出厚厚的茧子，这是一种悲哀的退化。

手指结茧可以消退，心灵的蛹若被苦难之丝围绕，善与美的蛾儿便难以飞出，多数窒息于黑暗之中。

当然，当苦难像飓风一样无以回避地迎面扑来时，我也会勇敢地迎上去，任沙砾打得遍体鳞伤，任头发像一面黑色的旗帜高高飘扬……

为了逃避苦难，我一生奋斗不息。

苦难也像幸福一样，分有许多层次，好像一条漫长的台阶。

苦难宫殿里的至尊之王，是心灵的痛楚。

没有血迹，没有伤痕，假如心灵被洞穿，那伤口永世新鲜。

我相信在人类的心灵国度里，通行“痛苦守恒定律”。无论怎样的位极人臣，无论怎样的花团锦绣，无论怎样的二八佳丽，无论怎样的鹤发童颜，都有潜藏的伤口，淌着透明的血。

逃避了食不果腹、衣不蔽体的小苦难，便滋生出建功立业、壮志未酬的大痛苦，待功成名就、踌躇满志之时，又生出孤独寂寞、高处不胜寒的凄凉……人类只要存在感觉，苦难便像影子永远伴随。成功地逃避一次又一次苦难，人类就在进化的阶梯上匍匐向前了。

西域古道上，驼铃叮当。我骑着骆驼，绕到月牙泉。

“没有爬上鸣沙山，你要后悔一辈子。”友人气喘吁吁滑下沙丘对我说。

我不后悔。世界上的山是爬不完的，能少爬一座就少爬一座吧。

像逃避瘟疫一般，我逃避苦难。

我们不是认输，只是放过了自己

□苏　岑

认输并不是一件没面子的事。当不再需要靠别人的屈服来证明自己的强大时，才是一个人真正走向强大的开端。

从小，我就是一个很敏感的孩子，很容易被激怒，会因为不太感动的电影背着人哭得一塌糊涂，别人的一个眼神儿有时会让我愣上半天……用长辈的话说：“小小年纪，心事重重。”

性格爽利干脆的妈妈，似乎并不欣赏我这样多愁善感的女儿，她总是鼓励我去跟班里那些个性像男孩的女生多接触。她给我剪极短的头发，只让我穿各种长短的裤子，给我买的衣服总以冷色为主。但这样并未矫正我敏感的情绪，而我也就这样一年一年地长大了。

因为体弱多病，加之后来转学，到了新的环境，我很害怕被同学欺负，也最讨厌恃强凌弱的人。记得小学转学至另外一所学校，班里有一个很淘气的男同学，最爱欺负弱小的同学，很喜欢看同学求饶的样子。因为一点点小事，我的手背被他的长指甲抓得血淋淋的。我咬着牙，昂着头，一脸豁出命的表情。我的不服输，让他备感扫兴。此后几年，我时常被他有意无意地踢一下、撞一下。我从不求饶，也不寻求帮助，似乎生怕老师教训那个男生，显得我弱小不堪只会打小报告。妈妈看到了我手上的伤，惊问原因。我扯了个理由：“做值日时被铁丝划的。”此后一段时间，妈妈和姨妈们总端详着我的手背担心：“这么漂亮的小手，不会留下疤吧？”留疤我不怕，我只怕被人知道是因为我打不过别人才被印下这羞辱的疤痕的。

现在想来，那个年纪的我真是倔强得不可思议！

初中时我有一个最要好的女同学，成绩极好，但性格也极柔弱，常常被班里几个调皮的男生欺负。现在看来，说“欺负”有点严重了，在青春叛逆阶段，似乎很多人都有过一些讨人嫌的举动。越是成绩好的同学，越要跟她调皮一下，拽一下她的头发，故意踩一下她的新鞋子，恶作剧地在她的铅笔盒里放一只飞蛾……其实就是一种挑衅，以此彰显我也有胜过你的地方！

那一次她又被恶作剧作弄了，在旁边的我终于爆发了，看着对面三个幸灾乐祸的男生，和他们约架："有本事你们仨中午别走！"他们当然有这个本事，三个高个子男生，俯视着我这样一个瘦得像一根小竹竿的女生，有什么不敢赴约的！

那天中午放学后，我把一脸紧张的她赶出教室，门一闩，就剩我们四个人。三个男生嘻嘻哈哈，嘴里吐着各种轻蔑的言辞，但都没有动手的意思，因为没人相信一个体育成绩从来没及格过的女生会干"单挑"这种傻事。于是先动手的必然是我，我甚至都忘了当初是怎么拳打脚踢的了，但必须承认，他们只是稍微应付了一下，他们中的任何一个人真出力气，我都不是对手。但最终我那种决绝的眼神可能还是有些威慑力的，他们率先拉开教室的门，留下一句"好男不跟女斗"，一个个快步离开了。

从教室到校门的那几百步距离，眼泪一直在我的眼眶里打转，好姐妹在旁边小心翼翼地给我鼓劲儿："你要是哭了，就输了。"小孩子真是可爱，我就那么把脑袋仰起来对着天，迎着正午的太阳，把欲滴的泪水蒸发个精光。可能连她也不理解，一件小事，何至于如此大动干戈？其实那时的我也不明白，只是觉得不打这一架，整个人都过不了这一关。

现在回想那个佯装强大的自己，实在弱小得让人心疼。

二十年后，我长成了现在的样子。回头细想，竟然完全无法把这两个人联系到一起。不一样的，首先是性情。那时候我是阳光的，却容易被乌云遮蔽；现在我也是阳光的，坚信自己内心的阳光可以刺破阴云。

现在常有人问我："你的幸福秘诀是什么？"

"我呀，我这个人就是记性不好。"

曾经发脾气，三天五天哄不好；如今生气，5分钟后就觉得没必要。与人产生矛盾，大多数时候我成了主动退让的那一个。刚刚还吵得不可开交，10分钟后一扭脸："今晚咱们吃什么？"气得家人啼笑皆非："你刚刚还在跟我吵架呢！"

我常说，一个人的成熟和自信体现在他处理怒气的时间长短上。忽然明白了自己和那时最大的不同是：我已经不再认为认输是一件没面子的事。当不再需要靠别人的屈服来证明自己的强大时，才是一个人真正走向强大的开端。

如今的我常常认错，也懂得原谅别人。这并非是我比他人高尚。我不在乎在感情中把姿态放得很低，因为在其他方面，我有站得起来的能力！

擦皮鞋的百万富翁

□刘荒田

人活着，没有那份实实在在的感觉，就像脚踩在云端。钱一旦和生活脱去真实的关系，日子就成了过眼烟云。

非洲裔男子，六十开外，皮肤黑得发亮，仿佛上了釉。头一次，我在下城闹市的擦鞋摊旁见到他，第一个念头就是：这家伙，在下雨天可不必带伞或者雨衣，雨水落在身上，就像打在漆了好多遍桐油的船篷上。而他，在闹市骑楼下开个小摊子，给下城蜂窝似的写字楼群中那些白领阶层擦皮鞋。这个职业，素来天然地属于穷人。

那天下午，刚下过雨，他的摊子难得有个客人。

我在巴士站前等候一个朋友，并非前去幽会，所以毫不着急。岂止不急，甚至相当冷漠，朋友依时与否，践约与否，都不计较，却很有闲心去关心一下这位擦鞋匠。我和他，算得半个朋友，尽管我从未坐上高高的顾客座位，不可一世地向他伸出一双在异乡跋涉有年的脚，劳动他擦擦毫不名牌的皮鞋。两人所以相识，乃是因为我在下城一家意大利餐馆上班这些年，都在他的摊子前上下巴士，等车时便和他谈谈天气，开开玩笑。

这个阴天，我有的是闲情，他也是，便相当深入地谈起来，主题是：钱与生活、生命之关系。他耳提面命，我洗耳恭听。

话题是从他手中《纪事报》赛马专栏开始的。他说，一辈子没别的嗜好，就爱看赛马，下个注。第一次结婚时，才十八岁，娶的是高中同班，小两口，美国人叫“teenager sweetheart”，懂什么嘛？糊里糊涂地生了两个孩子。后来分手。他在一家运输公司开送货卡车，当单身汉当了十年。有一回，在赛马场里的快餐厅，认识了非洲裔姑娘辛迪，她那时二十岁出头，在一个糖果厂当包装工。虽然比他年轻十二岁，却也迷恋赛马。从此每个周末都约了在赛马场见面，一起商量注押在第几号马，押多少。赢了一起上高级餐馆，开昂贵的法国“太廷泽”香槟庆祝；输了一起骂娘，算得志同道合。不久，结了婚，日子紧巴巴的，假日唯一的消遣，还是进马场。要是没钱下注，就伸长脖子看赛马，把嗓子喊哑了，回家才睡得安稳。

“和辛迪一起过了四年多，她祖父去世，辛迪虽然只在小时候在祖父家住过，以后断了音讯，但我们还是赶到东海岸的迈阿密去，参加了丧礼。回来不久，收到一家律师事务所的通知，说他们正在执行辛迪祖父的遗嘱，死者名下700万元的动产和不动产，辛迪是唯一的继承人。那消息，把我们俩吓呆了。辛迪瘫在沙发上，站不起来，喃喃地说：‘我的上帝，我的上帝，这么多钱，怎么办？’我傻乎乎地笑个不停。累得那位上门来谈财产处置的律师，坐了小半天，没人招待，差点拍屁股溜了。

“有钱了，多好啊！小时候梦啊梦啊，不就是这吗？天没亮就开车给超级市场送货，时薪10块，两个星期才领上一张工资支票。遇上心爱的马，下注，最冒险那次，也只花那么1000块，多煞风景。这下子，瘾尽管过。我和辛迪整年旅行，看赛马，那些全国性大赛，一次也不放过。听过伍迪·艾伦·斯蒂芬斯的大名没有？美国的王牌练马师，横行赛马场五十年，从来没有敌手，厉害！看看他的辉煌纪录好了：他练出来的马，9匹成为全国冠军，5匹赢过‘肯塔基橡树’大赛，两匹赢过‘肯塔基多比’大赛，还有两匹，创下‘大都会’一英里赛事速度最快的历史纪录。我和辛迪是他最忠实的拥趸，他的名驹在哪里出赛，我们就赶到哪里去捧场。下注那个爽快劲，一注就是6万。6万！上帝啊，我和辛迪，一年到头累死累活，扣去两三成的税金，合起来也没赚过这个数哪！”

他们俩在赛马场附近住着五星级旅馆，开赛前研究马经，在看台上吆喝，排队买票投注，独赢、连赢，六环彩……斯蒂芬斯的马总是热门，赔率低些，却很少风险。中了，得意扬扬地去领彩金，捧着大沓钞票从人群中穿过，只下得起5块、10块、20块一注的小户头，看得眼睛发直。他们也时常输个精光，可这有什么关系？横不过是钱，支票簿那么一撕，从银行账户一划，不就结了！“有钱人”做了三四年，滋味好歹尝遍了。慢慢地觉得，整年这么颠来跑去，没什么意思。辛迪倒不是看赛马看腻了，而是对他生厌，她偷偷地和一个骑士好上，抛掉了他。摊牌时，他说：“你的钱归你，我不稀罕。不过我老了，要给自己留条后路。”她答应结婚后买下的两处房产、一个牧场划归在他名下。40万块钱的银行账户，她也没要。她把余下的财产带走了。

“我又当上单身汉，眼看快到六十，便来开个小摊子，能不能赚钱，我不在乎，拿来打发日子罢了。对钱这玩意，我是彻底想通了。有钱那阵，每天起床，早餐不就是两只煎熟一面的鸡蛋，加三条熏肉，看一份《纪事报》？没钱那阵也这么吃，如今一个人，也是这么吃嘛！一旦富过，对没钱的好处，倒有了体会。老兄，别以为我说风凉话。

"就拿下注来说，没钱时，下100块一注，赢了也好，输了也好，心都跳得厉害啊！100块，干一天活才挣得来呢，能不当回事吗？有钱了，进一次马场，输上10万块，心却麻木，在银行账户里划来拨去的数字，仿佛不是自己的。人活着，没有那份实实在在的感觉，就像脚踩在云端，老发慌，天知道慌什么？钱一旦和生活脱去真实的关系，日子成了过眼云烟，婚姻也没了实在内容。你早上起来，总有事情要干，比如上班什么的是不？有钱了，一早吃过煎蛋加熏肉，心里空落落的，一个大白天不晓得怎么打发。最无聊时，辛迪想逗我吵架，我也没劲儿，怪不得她离开我。过穷日子那阵，我和辛迪操劳柴米油盐，进马场投错了注，互相埋怨，日子好歹有内容，有热情，有希望。钱一多，生活里一切色彩都给抽掉了，只剩下一种颜色：'绿背'的绿色（美国各面额的钞票都是清一色的浅绿）。钱，能把日历上和心灵上的所有空隙填满吗？"

我没应声，他看了看我："老兄，别怪我坦白，看你这么天天忙碌，不算有钱是吧？别赚太多，钞票会压伤人的！我如今赚不了多少，可是活得有滋味。人和钱的关系，也像我和那辆'卡拉迪克'老爷车的关系。它是1978年买下的，那时辛迪还没阔。有钱那些年，辛迪要我拿它换一辆奔驰450，我不肯。如今更觉得砸10万块买的名贵车子，未必比得上这伴了我二十年的宝贝。坐上它，多舒坦！一切都熟悉，从方向盘、车后镜、座椅垫子到安全带，都是为我而设计的，就像每天两只一面熟的煎蛋加三根熏肉的早餐，熟悉使我安稳、自豪、平静。钱是外加的东西，不是构成谁的生命的内在成分。这么说，是不是太多那个……那个'哲学'？我只读过一年初级大学，可不懂哲学。对了，辛迪离开我时，带去的钱，少说也有500万，我们那时舍得花，也没忘记委托经纪人，在股票市场投资，所以不曾坐吃山空。这么多钱，却也没教她活得快乐一些，她跟骑士结婚两年，怀着孩子时闹离婚，听说如今也是单身，患了忧郁症。人光晓得钱好，可钱的祸害，只有我这等人才体会得深切呢。"

我坐在他的摊子旁，默默听他的叙述。他的口才未必如何迷人，倒是那种阔过，又弃之如敝屣的派头，教我有时忍俊不禁，有时肃然而生敬意。

太阳出来了，街上的行人多起来。我知道，他的生意来了。这位在银行存下40万块钱、有几栋房子的人物，老老实实地，像一般每个月顶多赚1000块的穷人一般，挣不轻松的钱，过不轻松但心里踏实的平凡日子。

巴士已来过两辆，我因为不好意思打断他的话而错过。第三辆来了，我挥手和他道别。在车上，我反复体味他的话。首先，是其真实性。他和我绝无利害关系，骗我没什么必要。不过，我还是以为，他的超脱，多半是扮出来的，究其动机，主要不是为了向我显示高明，而是自我安慰。一个阔过的人，不这样给自己开解，怎么能活下去呢？我的理由仅仅是：超脱，需要宗教的后盾，一种高蹈在物质之上的情怀，对此，他压根儿不曾涉及。

不管怎样，他向我显示出一种境界，哪怕是虚玄的。单就那番议论而言，与时下流行以钱为生命的论调相比，即使不算智慧，至少也够怪诞，足以倾倒我这毫不超脱的打工仔。

如何摆正害怕失败的心态

□大将军郭

失败本就是平常无奇的存在，它是生活的色彩，也是写进你人生中难得的经历，谁又说它不会成为一种收获呢?

有朋友问我：总是害怕出错，做选择的时候容易陷入纠结，朋友都说是我太㞞了，怎么办?

想起两个朋友的故事。

朋友A喜欢上了一个女孩子，有多少次话在嘴边想要约她吃饭，就有多少次被自己的纠结击溃，左一个顾虑右一个顾虑，归根结底就一个原因——㞞。

朋友B家境殷实，工作稳定，但她自己想创业，反复考虑了一年，还是迟迟没做决定。其实她完全没有后顾之忧，赚不到钱可以回去工作，存款也够她支撑几年。她说纠结是因为选择恐惧症，但她的问题跟第一个朋友没什么区别，都是因为㞞。

㞞的根源就是他们太害怕出错，害怕失败，甚至严重到阻碍了自己的选择和行动。

朋友A不是没有那么喜欢那个女孩子，他只是害怕被拒绝；朋友B也的确有开店的梦想，但是更担心梦想破灭。跟失败相比，他们宁愿是那个“暂时没有行动所以没成功”的人，也不想被直接打上失败的烙印。

噢，还有另外一种说法，他们是所谓的完美主义者，他们总是说要经过周到的权衡才能做出选择，但实际这只是他们延缓失败发生的一种权宜之计。

他们以为只要做出完美的选择就不会失败，不失败，就是幸福的人生。但真相并非如此，往往是那些做了所谓完美的选择，尽量规避了所有可能失败的人，才最不幸福。

因为在追求完美选项的过程中，你投入过度的时间和精力，这些都会成为你做选择的认知负担，这是最大的损耗。所以即便你选择了一个看似最好的出路，但实际上你的认知负担已经让这个选择过程变得非常不愉悦。

当你在考虑要不要追求一个女孩子的时候，花费了一年的时间纠结，体会到了大量的焦虑，哪怕你终于迈出了那一步，并且最后成功了，但前期所有的焦虑和你付出的认知成本都不会消失。它们会叠加在恋爱的过程中，一开始就会让你感到这段恋爱好累，负面情绪太多。

反倒是那些能快速决定、勇往直前的人，才能把饱满的热情和精力投入选择和行动中，他们会觉得这段关系的愉悦度更高，幸福感也更强。

并且，失败真的那么可怕吗？其实失败会让你更讨人喜欢。

有一个经典的社会心理学实验：参加实验的人分成两组，每一组成员都会拿到一组照片。第一组成员拿到的照片都是很成功的人，他们要么做了很成功的企业家，要么有很厉害的艺术天分，家庭幸福，可以说几乎是完美的代表；第二组人拿到的照片却很普通，他们中有单身妈妈，有创业屡次失败的中年男人，有第五次申请研究生的人，总之所有人的经历中都有挫折和失误。

最终让小组成员为这些人物打分的时候，那组完美的人物平均得分却低于普通人物。

“单身妈妈很不容易，尽管婚姻不完整，但是还在努力生活。”

“失败了四次还在申请读书，能坚持自我是很可贵的。”

比起那些闪闪发光的完美人物，反倒是普通人经历过的失败和挫折让他们更富有魅力，更打动人心。

我们更喜欢那些有血有肉的真实，失败本就是平常无奇的存在，它是生活的色彩，也是写进你人生中难得的经历，谁又说它不会成为一种收获呢？

每个人都像一只容器，当你能容纳更多，就意味着你能拥有更多。成长的过程就是不断为自己扩容，每个人都想争取最好的选择和最大的成功，但更可贵的却是有敢于犯错和失败的勇气。

识破，不说破

□刘诚龙

谁都是有缺点的，眼里固然容不下一粒沙子，心里却须如大海，装得下一滩沙子。能识破，那是精明；不说破，那是厚道。

曾国藩幕中三圣七贤中，有位先生，自称高蹈，兀自标榜，自夸人品齐天，人格超众。他写了一篇自白，叫《不动心说》，呈曾国藩，夫子自道品行说：“使置吾于妙曼蛾眉之侧，问吾动好色心否？曰不动；又使置吾红蓝大顶之旁，问吾动高爵厚禄之心否？曰不动。”美女面前，绝不动心；高官面前，绝不动心；暴利面前，绝不动心；人间一切诱惑摆在面前，都绝不动心。

人间真有这样高华人士吗？曾国藩府上，有一位叫李眉生的幕僚，四川中江人，这人聪明俊朗，才气纵横，“眉生年少倜傥，不矜细行”，大大咧咧，不计小节，曾国藩相当喜欢他，“视如子侄”，曾国藩办公室，他可以随意出入。一天，曾国藩外去接客，李眉生径直走进曾国藩办公室，看到桌上摆着一封信，拿起来就读，读的恰是那位先生的《不动心说》，不禁大笑。先生既然心态古井无波，不计名，不较利，不爱色，不攀官，那么，你到曾国藩这里来干什么？嗜欲大得很，却做个不吃牛肉的像，不也虚伪吗？李眉生提起笔，在《不动心说》的页眉上，提笔写了一首打油诗：“曼妙蛾眉侧，红蓝大顶旁，万般皆不动，只要见中堂。”题毕，“掷笔而去”，大步跨出户外，步态里满是对这般人的不屑。李眉生一双慧眼，穿过其人华衣衮服层层包裹的内心，洞穿了其人幽暗深处。

曾国藩送客归来，见了桌上眉批，“因呼左右召眉生，则已久不在署矣。”曾国藩急了，连连打发身边人去找，甚至“持令箭大索之，期必得”，后来在秦淮河一处画舫里找到了李眉生，“即挟以归”。曾国藩问了这眉批是不是他所书，李眉生曰然，曾国藩将李眉生臭骂了一顿：这先生嘴上说的与心里想的，表里不一，你以为我不知道？知道其名实两乖，不必说出来，“此辈皆虚声纯盗之流，言行必不能坦白如一，吾亦知之。”但为什么我还要养着他？这类人没揭穿其心，他仍然是朋友，如果揭穿了，那就很可能摇身一变，成为敌人，“则彼之仇汝岂寻常睚眦可比？杀身赤族之祸伏是矣。”如两人翻脸了，这人，会成为你的仇人与敌人，乃至杀你的心，都会生发的。

曾国藩也许是言之过重，榨出了朋友心里藏着的“小”来，会成为杀身死敌？未必至于那么严重，然则，识破其“小”，再一口说破，多半情形下，朋友是难做成了的。一些无关紧要的矛盾隐藏在彼此内心，还会是表面上的朋友，可一凳吃饭，可一桌打牌，可一室相处，可一路同行……设若表面上的朋友都做不成了呢？人与人交际，无非两态，一是暗里，一是明里。两人不曾撕破脸皮、撕破关系，暗地里，他会不会暗算你，这个难说，但明场合，他是不太会搞你路子的。这就是说，至少在50%的情况下，他还是与你要好的。但是，如果矛盾已经公开，那么暗地那50%情况，明里那50%场面，加起来会成为你100%的仇敌。这也就是说，维持表面上的朋友状态，比表里皆是敌仇的情形，要好一些。

其实，谁都是有缺点的，眼里固然容不下一粒沙子，心里却须如大海，装得下一滩沙子。

曾国藩将李眉生当挚友待，对李眉生内心敞得开一些，看到李眉生识破人之内心，又说破人心，将他“训”了一顿，以开悟交际之道。他对写《不动心说》的那位先生仍当朋友待，识破其内心，不说破其内心。这不是圆滑，也不是世故，更不是老奸巨猾，而是尊重世俗，悲悯人性——谁的人性会纯又纯粹而粹？能识破，那是精明；不说破，那是厚道。

宋朝宋太宗时有位张齐贤，一次举行家宴，有位秘书看到宴会上那餐具精美，四瞄无人，迅速拿了几只塞入怀里，“一奴窃银器数事于怀”。张齐贤看到了，三十多年一直没说。后来，张齐贤当上了宰相，给他当秘书的都提拔了，独有那位盗银器的原地踏步，他不服：同样做秘书，大家都提拔，为甚我独不得提拔？张齐贤只好说破了：某年某月，某次宴席，“尔盗我银器乎？我怀三十年不以告人，虽尔不知也。”那位秘书满脸羞愧，不好再在职场立足，只得卷起铺盖走人。

不合群的我在毕业晚会上哭了

□河　樱

真正的朋友就像健康，只有到失去的时候，你才能意识到它的价值。很难想象，失去真正的友谊，我们的人生会变得多么灰暗。

“你再考虑一下散伙饭的事，全班最后一次聚齐，不参加太遗憾了。”班长不屈不挠又发了一条微信消息给我。我半年前买好票的演唱会，和大学班级毕业聚餐撞到了同一晚。

我向班长请假，解释这张门票得来不易。班长叹息：“要是以往我真不勉强你了，这次不一样。”班长惋惜的语气别有深意。她什么都明白，但这次却如此固执地想改变我的心意。

毕竟，我是班级里整整四年都没合群的一个人啊。

刚上大一时，不合群是生活作息的问题。我第一次离家过集体生活，不太懂得“求同存异”的艺术，因作息无法与室友步调一致，我倾向于在教室、食堂和图书馆间独来独往。可是一段时间的勉强磨合后，我才渐渐发觉，不合群的本质原因并非生活习惯差异过大，而来自心理的驱动。

大学前两年，我觉得班级圈子鲜有“可与言者”，话不投机半句多。我对同班同学热衷的花花绿绿的世界不感兴趣，甚至心存偏见。我不理解为什么大家总爱凑起来做一件看似意义不大的事，比如动辄聚餐包饺子炒年糕、搞集体旅行与院际联谊会……无论是在湖边草地里扯着风筝乱跑，还是在吵吵闹闹的桌游局，我都无所适从。

因为对“意义”始终如一的追问，一点点拉远了我和同学的距离。他们每次热情的邀约，我往往以踌躇、推托、敷衍的态度应对。比如本来答应几个女同学，一道去迎新晚会表演“尬舞”。临开始前两天，心存别扭，找了个借口不去了。当天，每个寝室的姑娘都为演出梳妆打扮，而我则在她们出门前半小时，悄悄溜了出去。

我独自骑车到学校附近的湖边，躺在一条长椅上翻书。不知为何，身体却异常“诚实”，揭穿了自我反复暗示的“不在乎”的谎言。好吧，我无法做到真正洒脱，忍不住过几分钟就看一眼手表，盘算着：“哎，3点她们快上场了吧？3点40分，表演结束了吧？咦，都4点了还没发朋友圈，效果到底怎样呢？”

即使偶尔不安，但在大学时代，我确实没能改变“拒绝合群”的特质。在一次又一次刻意的缺席和疏离中，我习以为常的存在方式慢慢固化。同时，我会真的相信该群体就是那样子：想法不够有趣、抱团取暖好无聊、形式主义太闹心……以及，他们不会在乎我。

大学时光短得经不起几次彷徨张望。进入大三暑假后，一个人合不合群，完全不重要了——班级已然进入聚少离多的模式，大家要各奔前程。我们宿舍姑娘都找了实习，每晚挤公交回校的两小时车程上，我不免有点惆怅：好像还没享受过躺在学生堆的无忧无虑，不曾和一群人干些不计后果的傻事，就要一个人承担未来了。

今年拿下校招录用通知后，趁着半个月空闲，我背书包坐火车出去晃荡。一个人到深圳看海，早晨坐在小梅沙拍了两小时人像，发了一条带定位的朋友圈。过了10分钟，班级里一个基本没说过几句话的深圳男同学评论了：“天哪！你为什么不联系我？”

我正犹豫如何回复，男生打来微信语音电话，问我坐标。半小时后他开车出现了，还带着宠物金毛。他不住念叨老同学光临主场城市，“如此见外过分出天际”。

同学带我一起牵着狗逛了景致幽静的公园，然后品尝最地道的早茶。我第一次感受到流沙包和肠粉的滋味美好得不像话，也第一次感受到，这位同学原来如此幽默阳光，见识广博。

同学仿佛在心里犹豫了好几个世纪，终于抛出了最想说的话：“其实我们觉得你是想法很犀利、很有趣的人，但不知道怎么和你深入交流，你给外人的印象总是冷冷的，让人不敢接近。”

我不知道怎么回答，讪笑地简单吐出一句：“或许我是那种需要一群人包容一千次才能活下去的人吧！”事实上，那一刻好多复杂的情绪在心底汹涌翻滚，我无法清楚地感知那是什么。

上周，我心烦意乱地坐在学院毕业晚会上，大家表演完三四个歌舞节目后，主持人忽然神秘地说，下面这个环节要放大招了，前方高能预警！

舞台大屏幕上浮现一行字："你知道TA眼中的你是什么样子吗？"之后开始滚动播放一张张照片，台下尖叫声一片。原来这个环节，是同学偷偷向晚会爆料其他人照片。

出乎意料的是，好些同学镜头里都出现了我：军训时躲树底下偷吃冰棍、在河边拉扯风筝线、生无可恋排练大合唱、做志愿者趴窗台上打瞌睡……同学纷纷嬉笑着"指认"我，得意地炫耀着偷拍术。

被那些不曾察觉的旧时光连续轰炸，我震惊着，大笑着，假装生气着……整场晚会的气氛越来越欢乐，而猛然间，我的眼泪就冲了出来。

为什么呢？大概是为了一个年少轻狂的不合群者，鲁莽拒绝和错过的最好的我们。真的好抱歉啊，我本以为你们一点不重要，我本以为我一点不重要。

如果不复再得的四年可以回放一遍，是不是我能更合群一些，更靠近你们，多拥有闪闪发光的一天，或者哪怕一丝纯粹至极的空气呢？大学到此为止了，好遗憾我却缺席有你们陪伴的成长。

趁别人不注意，我擦掉眼泪，掏出手机回复班长：演唱会票子转掉好了，散伙饭我报名参加。

阳光照得最多的地方

□徐　迅

我曾去过那阳光最多的地方，看到了回到人间的人无法也无力重述的事物。

那是一块阳光照得最多的地方。冬天，父亲还坐在那里。低矮的屋檐，背后是红砖土墙。黑灰色的瓦片垂着耳朵，仿佛倾听着什么。父亲通常一个人不会说什么，只是静静地沐浴着阳光，取暖。像温顺的臣民承受浩荡的皇恩。我每次回家首先要打量的就是那个地方。喊一声父亲，父亲脸上立刻阳光灿烂，笑容如绽放在枝叶里的花朵般颤动。

一个人是会老的。皱纹宛如屋檐上生满绿锈的青苔，上面摇曳着荒草。老人头发花白，牙齿脱落，身边斜靠着一根短亮的竹拐杖。那样子像是一部接近尾声的黑白电影里的旧镜头。阳光不老，新鲜的光束里尽情跳跃着生命的尘埃。但父亲不见了。如今，阳光照得最多的地方空落落的，如我空落落的心。泪水爬出我的眼帘，阳光使它格外晶莹，如针芒般的阳光深深刺伤着我，痉挛。阳光无影无踪地裹走了父亲，又依然照亮那里，如泻地的一摊水银，成为我面前不会消逝的最坚硬的事物之一。

“来！晒晒太阳！”在乡村，尤其是冬天，阳光照得最多的地方，窝聚的老人们也最多。冬天里，阳光以一种最温暖、最明亮的姿态涂抹大地。树上尚没有凋零的叶片，通体金黄，兴奋得直打哆嗦。地上，一条狗蜷缩在阳光的被窝里，懒洋洋的，像是一只泄了气的皮球或是让太阳烤干的牛粪。老人们开始在阳光下打捞着明灭的往事，交头接耳：谁家的猪养得最肥，谁家今年的收成很好，谁家闺女腊月里要出嫁，谁家的小子又有出息啦……

他们大口大口饱食着阳光的盛宴，咀嚼阳光，毕毕剥剥，满嘴流油。通常，他们都以为这儿是离太阳最近的地方，是人间的天堂。他们的笑声、叹息声、诉说声像是无数把叮当当的小榔锤，把阳光敲成了金子般的碎片，然后乐呵呵地搭在怀里，俨然一个个财主佬。直到起身离开时，还夸张似的拍打着屁股上的灰尘。即便有贫穷的跳蚤，在阳光下也被驱赶得一干二净。

我想父亲，包括一些老人们，在他们人生的暮年喜欢坐在阳光照得最多的地方，在阳光底下的倾诉，肯定隐藏着某种心灵上的秘密：一定是额头皱纹里隐逸着的生命的苦涩需要阳光的抚慰；内心经历太多，那阳光照耀不到的地方或许往事已经堆积得发霉，必须在阳光下曝晒一番；抑或身上流动缓慢的血液必须与阳光勾兑与打通，才会使他们更加舒展、坦荡、明媚。也可能他们想得更远，无边无际的黑正在向他们涌来，他们得赶紧拾掇起一些太阳的金枝，燃烧生命……因为，不仅一颗晦涩的心需要阳光的照耀，一颗纯净的心，也同样需要阳光的映照。最后，阳光收拾走了许多谜底，父亲自体生命的消逝正如阳光的消逝一样。只是父亲永远不会知道，他的那块被阳光照得最多的地方，会成为他亲人们心中最大的疼痛——有几回，我发觉与我一道回家的儿子，眼睛朝那地方也怔怔地发愣。以前，他可是撒欢般地蹦跳着双脚扑向那里的。

“为了看看阳光，我来到世上。”这是一位俄罗斯诗人的诗句。写这诗的巴尔蒙特这时仿佛就像一个婴儿，在春天里降生时一睁眼，就看到了温煦的阳光。他身上泛着金黄的绒毛。的确，阳光可以渗透所有的语言，但无法谛听；阳光像一块黄金可以让人贪婪地攫取，但却无法永远占有；阳光像一朵鲜艳的花朵，却无法为一个人永远开放。剩下的你只有看看的份了！

阳光照耀的日子，生活明净得一览无余，纤毫毕现；阳光进入所有事物的内部，使其发酵、膨胀、疯狂和生长。这些人们都可以看到，因此也体会出阳光本身充满的慈祥、温暖、仁爱和平静。果然，在阳光照得最多的地方，又少了一张熟悉的面孔，又多了一个陌生而嘶哑的喉咙。那陌生的嘴角牵动乡村的最后一缕阳光，仿佛是在向阳光做着诀别。我想，一个阳光铺就的舞台，父亲和他的乡亲裁剪着一块阳光的绸缎，然后紧紧地包裹住自己，就幸福地睡去了。

但丁说：“我曾去过那阳光最多的地方，看到了回到人间的人无法也无力重述的事物。”仅仅默念着这一句，我的心绪在阳光下就显得一派苍茫。

寻找幸福

□罗倩仪

常常提醒自己注意幸福，就像在寒冷的日子里经常看看太阳，心就不知不觉暖洋洋。幸福不是你拥有多少，而是你的心满足了多少。

赖瑞是在妻子南希和五个孩子出门后，才离开家的。

他今天心情舒畅，觉得好运即将降临，央求南希允许他买一张彩票。尽管生活拮据，温柔的南希不想扫丈夫的兴，点头答应了。

傍晚，赖瑞打电话回家，除了告诉南希他今晚要加班之外，还有一个好消息："我中大奖啦，整整10万美元呢！"夫妻两人都十分激动。这10万美元对家境困顿的他们而言，实在太重要了。

南希把消息告诉五个孩子后，一家人都沉浸在喜悦当中，七嘴八舌地讨论着如何花费这笔奖金。修缮房子，购买家具，增加营养食物，准备过冬的床褥和衣服……大家一致赞同这些都是首要做的事。同时，大家也发现，除去这些支出后，10万元的奖金所剩无几了。孩子们忽然沉默了。南希知道他们的小心思，柔声说："剩下的钱，给大家各买一件自己喜欢的东西。你们想到买什么了，就到我房间来跟我说吧！"

南希的五个儿女分别是玛莉、安迪、杰米、爱德华和丽塔。第一个进来的是大女儿玛莉，南希温和地问她想要什么。玛莉说："我想把我的那部分钱给安迪，让安迪可以买一套礼服。她下个月就要进行朗诵比赛了，她一直想穿着礼服参加比赛。我想，那样人们也不会太过留意她的断臂了。""你是个好孩子！"南希吻了吻玛莉。

第二个进来的是二女儿安迪，南希笑着说："安迪，你是不是想要一套礼服？""不，我要把我那部分钱给杰米。杰米患有侏儒症，他一直渴望高人一等。

我想给他买一套登山装备，让他登上高峰。”南希默然点头。

接着是三儿子杰米进来了，他看起来有些自卑：“我的病是没办法医治了，但爱德华的病也许能治好，把我的钱给爱德华买药吧！”他的话让南希的眼睛变得潮湿起来。

爱德华患有痴呆症，他呆呆地走进南希的房间，傻笑着说：“钱，钱……给丽塔……”小丽塔虽然没有患上重疾，但向来体弱多病，是个药罐子。她生性害羞，一说话就脸红：“妈妈，我想把钱给玛莉买一顶漂亮的假发。”玛莉因病秃头，做梦都想要一头长头发。

南希看着五个身体有缺陷但内心充满爱的孩子，不禁流下热泪。和她一起流泪的，还有镜头前的赖瑞等人。

赖瑞再也忍不住了，飞奔回家：“亲爱的，对不起……其实，我根本没有中奖，甚至连彩票都没买。”原来，赖瑞只是偶然碰到《寻找真正的幸福》这个电视节目的工作人员。这一切都是节目组给的一个测试！他们让赖瑞在家人出门后安装好摄像头，随后在电话里谎称中奖，然后观察家人的真实反应。当然，参加这个测试，赖瑞并不是一无所得，节目组将会提供给他们全家人一星期的营养早餐。

“这报酬也不赖，是吧？”赖瑞抱歉地看着南希。南希温柔地说：“我从来都没想过不劳而获。另外，我想把那段录像放给孩子们看，这对他们而言意义重大。”“当然，当然。”赖瑞说，“我想，我们一家人将度过一个充满爱的夜晚。”

果不其然，一家人看完录像，相拥而泣。

第二天一早，他们一推开门，竟看到了《寻找真正的幸福》节目组的工作人员。工作人员激动地说：“我们找了50组家庭做测试，除了你们，无一例外地为了10万美元的奖金争得面红耳赤。你们是唯一通过测试的家庭，可以获得额外的奖励。感谢你们让我们看到了真正的幸福。”随后，工作人员委婉地问及孩子们的身体状况。因为五个孩子身体各有不同的缺陷，这种情况太罕见了。

南希和赖瑞相视一笑，坦然地说：“其实他们都是弃儿，我和赖瑞并不是他们的亲生父母，但他们让我们拥有了真正的幸福！”工作人员久久说不出话来，只是用颤抖的手，郑重地奉上了奖金——20万美元。

小小的善

□李易农

我们常常无法做伟大的事，但我们可以用伟大的爱去做些小事。

一位外卖小哥，前往一座写字楼送餐，就在要走进电梯时，接到客户愤怒询问多久能送达的电话。外卖小哥一边抱着送餐箱一边着急地说：“一分钟，一分钟……”电话中的客户则扯着高嗓门狠狠地说：“如果一分钟送不到，我就给你差评！”

外卖小哥无奈地挂断了电话，并快步走进了电梯。他的电话，整个电梯里的人都听到了，在电梯运行的时候，他们都取消了自己要到达的楼层。眼前的一幕，让外卖小哥愣住了，当他明白了大家的用意后，感动得眼眸湿润了——外卖小哥直接到达了他所要到达的顶层。

这是前两天我所看到的一个小视频，虽然只有短短的不到三分钟时间，却为我留下深刻的印象。外卖小哥送餐，辛辛苦苦挣钱养家不容易，他们风里来雨里去，几多艰辛。如果遭到一次差评，一天的劳动就会化为乌有。视频上那位外卖小哥在面临因时间延误而要遭到差评时，是周围同乘一部电梯的陌生人，做出了小小的善举，给予他帮助，为他节省了那么一点点时间，从而保证了他将顾客的食物及时送达。

是的，一个小小的取消电梯停留的善举，暖了人心，为外卖小哥排解了困扰。

生活里，有很多这样类似的情景，虽然他们举动里的“善”不够宏大，但恰是这小小的善举，让人敬佩和感动。

我曾看到过真实的一幕：天降大雨，街道上聚满了雨水，过往行人十分艰难。一位老人拄着拐杖，不顾风雨侵袭，摸索着在积水里捞什么……看到最后，我才明白，原来是老人在清理被堵塞的下水道口。很快，因为下水道通了，街道上的积水就减少了。

大雨之中，老人冒雨弯腰捞起杂物的身影，让我深深感动，他的小小善举，换来的是街道的畅通，行人的安全通行……

善举不因为仅仅是一个下水道口被堵而漠然对待，不因为有雨水淋湿衣服而躲避，这善是老人心灵上的彩虹，是注入我们心灵上的一股甘泉。

有一次，傍晚和儿子外出，在一个十字路口，看到有两个卖苹果的小贩，他们愁眉苦脸地等待顾客到来。儿子说要买苹果吃，我就购买了其中一个人的苹果。可在要离开的时候，儿子非得要我再买另一个女商贩的苹果，理由是担心我们不买她的苹果，她会因苹果卖不掉而伤心。当我明白儿子的想法时，就走上前买了女商贩的几个苹果。这位有些疑惑的女商贩，明白了其中的缘由时，欢喜地说：“谢谢啊，这孩子真善良……”

仅仅是因为天色晚，担心卖苹果的商贩会难过，儿子就要求我再买几个苹果，谁能说这样的几个苹果里，没有隐藏了儿子的“善”呢？也正是这样微不足道的“善”的举动，让原本愁眉苦脸的商贩有了欢喜。

生活里，那些需要我们付诸行动的“善”随处可见。如果因为善的“小”而不去行动不去做，表现得漠然漠视和无动于衷，一次行善的机会，就从你身边消失了。

当个英雄“也好”

□吴雨浓

有勇气在生活中尝试解决别人问题的人，正是那些使社会臻于伟大的人！那些总是希望过好个人生活的人，如果能敞开胸怀关心他人，将是多么美好的事。

离开之前，袁江磊想留下一份礼物。他跨上自行车，蹬了800多万下，从西非贝宁共和国的科托努出发，一路骑回中国。半年多后，贝宁尼普尼村的第一口井，冒出了地下水。

这个来自浙江宁波的年轻人骑行跨越了非洲和亚洲共16个国家，每骑行1公里，就会从一家企业得到1美元的捐助。他筹到1.6万美元捐款，除了水井，还为尼普尼村建了一个太阳能电站。

村民们再也不用到3公里外的河边取水，也不用跋涉23公里到另外一个村子充电。2018年3月16日，水井和电站建成的那天，当地土著居民富拉尼族的土王拿出三只鸡招待他，村民们张罗起了开斋节才会做的烤全羊答谢他。袁江磊在贝宁的朋友罗密说，直到现在还有人打电话向他表示感谢，“他成了英雄”。

可袁江磊没觉得自己是什么“英雄”，“只是有这么一个契机罢了”。

决定骑行前，他是贝宁孔子学院的志愿者，在阿波美·卡拉维大学教授汉语。支教的两年间，他徒步、骑摩托、坐小巴大巴，几乎把贝宁所有地区都走了个遍。一路上，他看到缺水和缺电于这里的人而言，是迈不出贫穷的一大门槛。

袁江磊想试着迈一步。他说自己没有钱，也不认为自己在做慈善，只想力所能及“能帮一点就帮一点”，其他的他倒是“没想那么多”。

他开始尝试联系企业和他“打赌”——如果他能骑行回国，便提供善款为当地村民修建水井和太阳能充电站。但是没人理他。“大家觉得这个小伙子肯定就挂在路上了。”袁江磊说，但他仍然没想太多，“这样也不会有人总要求你什么，我想得挺开的。”他说。

可所有人都觉得他疯了。支教的第二年，他几乎每天下班都在查资料。不久，初步计划的文档出炉，不爱“想太多”的他，做了最精细的准备：文档里包括要去哪些国家、各国签证办理、生活用品清单、拍摄机器清单、预计花销清单等等。

袁江磊把文件发给了大学一起徒步、骑行的好朋友路遥，看到这个，路遥便知道这个人是劝不住了。他还记得他们大学第一次去徒步，是到重庆的圣天湖，脱离大部队想开拓新路的他们，却产生了分歧——袁江磊坚持要走另外三个人都觉得错的路，“他觉得他要走的路，他就一定会坚定自己的想法。”

这次也一样。一台相机，一辆单车，后座搭着30多公斤重的“百宝箱”，揣着在非洲工作攒下的几万元积蓄，袁江磊出发了。

他一路吃过撒哈拉的帝王蟹，试过路边的棕榈果。他喜欢和当地人学土语，最先学会的是一句“谢谢”，还有一句“我爱你”。骑行到第二站多哥中部，他正在路边休息，就接到了来自“伯乐”的电话——一家中资对非摩托车贸易公司愿意出钱和他“打赌”，他和董事长说，不用捐很多，够建一个水井和电站就好。

在毛里塔尼亚，因为签证只剩3天时间，他必须赶往舒姆镇乘坐世界上最长的矿石火车。火车车身长，停车时间短，又只有一节客车厢，他推着车跑了100多米还是无果，眼看火车要走，矿车上看护绵羊的牧羊人成了救命稻草——就在牧民刚刚抓住袁江磊的自行车时，火车开动了。紧急关头，袁江磊顾不上跑丢的拖鞋，一边追着火车，一边抓着牧羊人的手，扒上了车厢。

枕在这些随后会被运往中国的铁矿石上，抬头是满天繁星，身后是一车绵羊。“我这住的是‘亿星级的酒店’，觉得整个世界都是我的。”回国后他分享这件事时，描述得很美好，可在那个当口的艰难，只有他自己知道。虽然披着睡袋，他还是冻醒了几次。第二天醒来，所有行李都蒙上一层灰，拿起相机，他看见自己像个刚下井回来的矿工，灰头土脸。

“很可怜哎，我觉得，有必要吗？变成这个黑炭。”戈壁滩上，日出时的光是柔和的橙色，映着广阔苍茫的天地。袁江磊看着镜头里的自己，眼睛有些亮晶晶的，看向远处若有所思。到达城市之后，他给路遥发了一条消息，“很难受，真的哭了”。

但是，1.6万多公里的路途上，几乎容不下太多感伤的时刻。“想太多就成心理负担了。”袁江磊说。

他用镜头记录下达喀尔市郊的玫瑰湖和白色的盐场，西非最美海岸线塞内加尔的卡丰廷，撒哈拉沙漠徒步100多公里，他吃着向导艾哈迈特用沙子烤的土面包，躺在星空下的沙漠安然睡着。

2018年3月，他回到贝宁，帮助尼普尼村实现了“更好生活”的梦想。媒体争相报道，朋友们说他成了网红。他不喜欢“网红”的称呼，却也不争辩：“我不知道外界怎么看，说我是个瘪三或者说我是一个伟大的什么英雄，我都无所谓，反正我就做我自己。”

“Standing Talland Talented”是袁江磊的微信签名，来自他高中时期的偶像NBA球星斯塔德迈尔。说到这个签名，他有些害羞：“可能还是有英雄梦的吧。”

现在，他开始试着“回归生活”，目前在广州一家对非贸易公司工作，晚上下班回家，会自己简单做点菜。但他觉得自己还会再出去，可能还是骑行到非洲，又或者是南美，“不想框定什么，有合适的机会就会再出发的。”

工作之余，他着手把360天的骑行过程制作成纪录片。5分钟的先导预告即将发布的时候，他还没想到合适的片名。最后，纪录片的名字被定为《野好》，意思就是“也好”。

2017年8月14日，“从非洲骑车回中国”对袁江磊来说，不再是一个目标了。新疆卡拉苏口岸就在不远处，像之前无数次做过的那样，他把相机在路边架好，找好角度，再自己骑上车子，“回家啦！”他朝镜头挥挥手。路的尽头，一座洁白的雪山屹立在帕米尔高原上。

而在路的那一头，紧邻沙漠的散居村落尼普尼，打井机深入地下70米，手摇水井摇出了属于尼普尼的第一捧水。

与此同时，村中心的工人们正忙着搭建一座太阳能充电站——8块面板、6个电瓶、3个逆变器与48个插孔，这将满足附近5个村庄的用电需求。领到充电手电筒的30名困难村民第一次如此兴奋于黑夜的来临，他们打开手电筒，就像星际中一片遥远的流星。

我不是胖女孩，请叫我超大号美人

□蝶离岸

世界上根本就没有魔法，唯一的魔法或许就是你对待自己的态度。

每个孩子都是读着童话长大的，童话里的公主穿着美丽的华服，她们善良美丽，更重要的是纤瘦动人。如果那个午夜十二点从华丽的宫殿逃跑的灰姑娘是个160斤、穿着41码水晶鞋的胖女孩呢？但是，谁又告诉你，一个善良的胖女孩不配成为童话故事里的公主呢？

由艾米·舒默主演的美国电影《超大号美人》讲述的就是一个平凡的胖女孩从一个既定的人生框架里跳出来，因自信而获得爱情和理想工作的故事。2006年，当韩国电影《丑女大翻身》大热的时候，人们相信，只要你换上一副美丽的外表，整个世界都会对你善意相待，因此人人追捧美丽，想要成为大众意义上的好看的人。

而电影《超大号美人》的女主角芮妮却恰恰相反。她虽然是一个高端化妆品公司的职员，但因为身材肥胖、长相平凡，只得在唐人街暗无天日的地下室，和一个同样看似永无出头之日的宅男同事从事着从不露面的网络工作。

芮妮因为一次动感单车事故摔晕过去。当她醒来时，她看着镜子里的自己，发现自己的外貌和身材变得无可挑剔！从这里开始，电影进入了一条反套路的喜剧路线——芮妮的外貌在别人看来并没有发生任何改变，而她却看到镜子里的自己成了一个不折不扣的美人！

从此以后，芮妮的生活发生了巨大的改变：她开始面试一个自己梦寐以求的总公司前台职位，自信地和众多模特样貌的美女一起工作。她在干洗店误以为一个男生要搭讪自己，便主动留了电话给他，因而收获了一段真诚的爱情。她在比基尼比赛中满怀自信地大跳热舞，站在一群如同维密天使一样的女孩旁边获得了观众兴奋的掌声。

但事实上，在芮妮身边围绕的美女和她男朋友眼中，她只是一个莫名地对自己感到自信的普通胖女孩。

世界上本没有美丑，当大多数人对于美的概念达成一定程度的共识时，他们会以这个标准去衡量每个人的长相。其实仅仅只有少数人符合这个所谓的框架，而剩下的大多数的平凡女孩，却拼了命削了骨减了肥，像灰姑娘的两个姐姐把脚塞进不属于她们的水晶鞋一样把自己生生挤进那个模子里，哪怕自己遍体鳞伤，血肉模糊。但在这个世界上，每个女孩都有一双属于自己的水晶鞋，哪怕它是41码，它也是独一无二的，仅属于你。

电影中设置了两个与女主角对立的角色，一个是这家化妆品公司的首席执行官莉莉，还有一个是芮妮在动感单车房偶遇的模特。有意思的是，这两个传统意义上的美人没有外表上的烦恼，却也有着自己面临的问题，一个因为嗓音奇怪而嫌弃自己的声音，另外一个则被男朋友甩了。看，这世界上的任何人都有自己的苦恼，与美丑无关。

没有人能改变生活对你的刁难，唯一能改变的，只是你面对刁难时的态度。芮妮觉得自己变美后开始精心打扮，穿着红色的连衣裙与人侃侃而谈，带着自信的笑容面对每一个人。那时的她，从骨子里散发着魅力，她可爱的灵魂被无限放大，正引导着她自己的人生转向幸运的一面。

同样地，因为自信，芮妮的工作才干也得以凸显。她懂得察言观色有条不紊地处理各种紧急的问题，以至于获得职业上的提升。同样因为她从来没有改变过外表，她收获的爱情也来自最真实的感情。

电影的最后，她发现这一切都不过是一场美丽的误会，她从头到尾都没有变成所谓的美女。这时她才突然醒悟过来，这本就是她可以拥有的——以一个最真实的自己能够得到的一切。“根本就没有魔法”，唯一的魔法只是你对待自己的态度。

并不是每段爱情故事的最后，都是女孩变得漂亮之后才看上去配得上男孩。这个世界不乏美丽的人，但好看的外表千千万，有趣而自信的灵魂却会在人群中闪着光。

如果哪一天女孩们愿意去改变自己，但愿你们不只是因为爱情。希望你们是想要去换取一副配得上自己实力的躯体，然后活得自在。因为这世界上独一无二的你，值得。

大仲马的梦

□申赋渔

每个人都难免做梦，甚至最后梦想成真，正如伟大的作家大仲马。他在书中建立了“基督山伯爵”的梦，又把这个梦搬到了现实。遗憾的是，他最后爱上了自己的梦，然而又被这个梦所迷失。

前不久，我和著名翻译家郑鹿年先生一起参观了大仲马在巴黎郊外的故居，这个故居就叫“基督山城堡”。

1847年7月25日，基督山城堡经过三年的紧张施工，终于迎来了“进宅酒会”。参加这个酒会的有600多人。大仲马兴奋地宣布：“我有了一个人间天堂。”城堡是一个文艺复兴时期风格的三层楼。在山坡之上，由一条小小的河围着一幢哥特式的建筑。这是“伊夫岛”。基督山城堡是大仲马亲近世俗、灯红酒绿的地方。而这个伊夫岛，则是他的书房。必要的时候，他就在这里与世隔绝，闭关写作。

对于这里的环境与建筑，我不打算细细地描述。因为感兴趣的人，宁可自己观赏。我想谈谈大仲马。

他在这个伟大的城堡里住了不到两年，就破产了。1849年，法院查封了这个地方，拿走了一切可以拿走的东西。家具、车辆、绘画、书籍，甚至在卷宗里我们还会发现，有一只兀鹰也被抓走了，估价15法郎。

大仲马建这个地方花了222500法郎，最后在拍卖场上被人用30100法郎买走。买的人是一个美国牙医。巴尔扎克从报纸上看到了大仲马这个可怕的消息。他说，为了避免同样的厄运，我要夜以继日地工作。为了这一点，作为读者的我们，要感谢大仲马。

大仲马的破产是必然的。他慷慨大度到了令人惊愕的地步。朋友们如果缺钱，第一个想到的就是找大仲马。大仲马刚收到一大笔稿费，就放在壁炉台上。“仲马，我急需要钱，我就拿去了。”“拿吧。”“我过一周就还你。”“随你的便。”这一点，像极了他的前辈夏多布里昂。夏多布里昂的钱也是放在壁炉台上，几乎每天都有人来索要。直到他变得一无所有。国王曾经问夏多布里昂，要给多少钱，你才够花呢。他说：“陛下，给多少也不够。我会全给别人。”

大仲马要养的人，是一个大家族。另外，朋友们几乎每天都可以来这里大吃大喝，甚至是陌生人。有一次，他的餐桌旁竟然坐着一个意大利流亡者、一个奥地利骨相学家、一个匈牙利医生、一个印第安商人。他们各不相关，都吃得兴高采烈。

有个名叫蒙汝尔的年轻画家，有一次来大仲马家寻饭吃。仆人们因为大仲马在写作，跑出去玩了。大仲马就亲自下厨，搞了一桌饭菜。这个年轻人对大仲马的烹饪技术赞不绝口。这就搔到了大仲马的痒处。自此之后，这位年轻人就常常来享用大仲马亲手做的菜肴。每一次，大仲马都要问，合不合他的口味。

这些既可笑又可爱的故事，在我们参观的这一天，再次重现。当然，并没有人请我们吃一顿美妙的法国大餐。再现故事的是几位演员。

演员们就混迹在游客当中。据他们介绍，他们来自大仲马的时代，以及他的作品当中。一个自称是城堡的设计师的人，向人们吹嘘他水平之高，才华之横溢，如何受到大仲马的赏识。然后，突然跑出来一位女士，她自称是大仲马的情妇，说这个人是个骗吃骗喝的骗子。

演员不多，他们会化妆，分身而成仆人、食客、小提琴手等等。把现实与小说，史事与传说，混在一起，与游客亲切交流，诚恳攀谈。许多游客也自愿进入角色，默契地配合。郑鹿年先生总是恰到好处地应答，天衣无缝地配合，让演员得到了极大的满足。几个孩子听着他们的对话，惊讶得目瞪口呆。现实与虚构，完全融合在了一起。

是啊，现实就是虚枉。昨日譬如今天。慷慨虚荣的大仲马，在书中建立了一个“基督山伯爵”的梦，又在现实的大地上建了一个“基督山城堡”，建完了，他就离开了。他应该是以基督山伯爵自诩的。他爱上了自己的梦。然而，又被这个梦所迷失。

让所有路坑都消失

□袁文幻

平凡人的美丽很多时候仿佛小草，令人动容。它们能生在高山，峡谷，河溪旁，峭壁上，以不同的方式，为大地献出自己的翠绿。

达达劳·比尔赫开启了一场针对路坑的“战争”。

这个四十七岁的男人是印度孟买一家小杂货店的老板，主要卖蔬菜水果。但人们更熟悉的是他的另一个身份——填坑爸爸。

无论是通往繁华市中心的高速公路，还是居民区附近的小路，只要达达劳·比尔赫发现路面有坑，他就会带上工具与原料，有时开上那辆印着“路坑急救”的车，去填上路坑。

他要急救的不仅是那些在路面上或深或浅的坑，还有那些可能被坑吞噬的生命，就如同他的儿子遭遇的那样。

3年前的夏天，孟买正在经历雨季，他十六岁的儿子和表哥骑摩托陷入一个半米深的坑，坑里有着浑浊黄色的积水，他的儿子被甩出3米多远。在赶去医院的路上，达达劳·比尔赫接到医院的电话——没有戴头盔的儿子，因脑损伤严重而死亡。

之后，他便开着那辆“路坑急救”的车上路，去寻找一个又一个路坑，然后填上。有时妻子接过他的脏衣服，问：“又去填坑了吗？”他回答：“那我能去做什么呢？”

“我不想有人再重复我儿子的命运”，每当有一辆车从他填补的路面安全驶过，“我感觉我给了我儿子一份悼念”。

一个月前，他和妻子在靠近军队体育馆的高速公路上填了3个坑，他将其编号为“1343”“1344”“1345”。

填坑的原料大都来源于建筑工地上废弃的瓦砾碎石、水泥和沙子。达达劳·比尔赫从旧的蓝色或白色的尼龙袋里将碎石子倒进坑里，然后蹲下用小锤子将稍大一点的石块分离，或者铺上砖块，再铺沙子，用小铲子一下一下拍，把路面弄平整。路边插着一根木棍，上面绑着一块三角形的红布，提示来往的车辆和行人，这里正在施工。他想尽量填得精细和牢固些，妻子有时会拿着细小的扫帚，弓着腰扫去上面的灰尘。

过去的三年间，达达劳·比尔赫在孟买的市中心和郊区共填上了超过556个坑。

对于孟买来说，这远远不够。仅当地一位居民在一个专门统计孟买路坑的网站上就记录了超过27000个路坑。据《印度时报》报道，2017年有3597人因路坑出事故死亡，平均一天有10人因此丧生。有人甚至向吉尼斯世界纪录提出申请，要将这座印度金融中心城市评为“世界上坑最多的城市”。

2018年8月28日，印度人民党副主席格如那斯在一场车祸中丧生。车祸的起因是一辆巴士陷入了路面的一个巨大的路坑，与格如那斯乘坐的汽车相撞。

一位网友在达达劳·比尔赫的视频下对他表达感谢，她曾在2009年骑摩托车陷入路坑里，造成后背严重受伤，“但幸运的是，我活了下来”。

越来越多的人对路面上的坑感到不满，也有越来越多的人加入达达劳·比尔赫。他儿子的朋友会来帮他，也经常有陌生人停下来，帮忙搬沙子，或用小铲子拍打路面。后来，达达劳·比尔赫和人合作，开发了一款寻找路坑的手机应用。

在儿子去世一周年那天，达达劳·比尔赫写信给市政府，要求他们关注到这些路坑，并去填补。越来越多的人响应，人们打开手机的照相机，开启定位，上传照片。

在印度一个电视节目里，主持人开场强调了4次，达达劳·比尔赫是“真正的印度英雄”。他被授予第三届“印度骑士奖”，这个奖是奖给印度社会中那些做了不平凡事情的“隐藏的英雄”。他也登上了很多媒体的头条，明星在路边与他一起铲石子，政府官员与他握手。

但这些，并不能填满达达劳·比尔赫失去儿子的心。

在致使儿子丧生的那个路坑，达达劳·比尔赫拿一个砖块紧凑着另一个砖块，用手上的铲子仔细敲打，让砖块间的缝隙缩小。放下铲子后，他仰望天空，为儿子祈祷。在之后的很多个修补的路坑旁，他都会这样做。

那辆“路坑急救”的车仍频频出现，达达劳·比尔赫说他很累，但他不会停下来，他要填到所有的路坑都消失。

“椅条”度夏

□文　嵊

经历过更多艰苦，才能身处清苦而不觉其苦。有了这些财富，我们自然能够从容面对生活的艰辛和不易。

有一次和几个老友聊起难忘往事，我说了一件事，大家都觉得不可思议。这就是“椅条”度夏。

“椅条”是潮汕方言，其实就是板凳，有十来厘米宽。二十世纪八九十年代时，潮汕农村不少男孩夏天晚上就睡在椅条上过夜。在十来厘米宽的板凳上睡整晚，似乎无法想象，但那时在不少家庭就是这样。

我们家父母加上我们五兄弟，一家七口就住在十来平方米的老房子里。冬天几兄弟睡屋内小阁楼，睡前搬个竹梯，父母按稳梯子说小心点，几兄弟一溜爬上去。潮汕民居屋顶是三角形的，阁楼很矮，我们一站直就会顶到屋顶。记得那时冬天特冷，几兄弟挤在硬邦邦的老被子里，觉得很暖和，很快进入梦乡。

一到盛夏，屋里溽热难耐，小阁楼不能睡了，男孩们只能睡屋外。有的就近睡晒谷埕，有的在户外铺床。两个椅条架上几片木板，铺好草席，立起竹竿，挂上蚊帐，一个皇宫般的眠床就做成了，躺在蚊帐里挥动葵扇，颇如草船借箭的诸葛亮。铺这种床要用很多东西，隔天还得拆半天，挺烦人的。于是男孩们更喜欢睡到自家“土壳”堆上。“土壳”是当地标准化的砌墙材料。把贝壳烧成生石灰，和上一种叫“红土”的泥巴，“种”到模子里自然风干就成了“土壳”。这些电工箱般的小立方体叠堆在户外，顶上平面就成了孩子们的夏床。“土壳”堆好插竹竿，挂蚊帐方便。睡在“土壳”堆上，头顶月朗星稀，习习清风吹过，小伙伴们胜似活神仙，嘻嘻哈哈间鼾声渐起。

我家离晒谷埕不近，没有“土壳”。家里的物件只够屋外铺一张三人床，两兄弟得睡椅条——两个椅条并在一起就成了一张小床，家里刚好能借到四个椅条。那个时候因为吃不饱，几兄弟个头瘦小，谁睡在椅条上都不会觉得窄。那个时候也不知道睡觉可以翻身，一个夏天下来也没听过谁半夜掉到地上。可恨的是不速之客蚊子，老在耳边低空轰鸣。好在我们家户外蚊子不多，点一盘蚊香，蚊子就闻风丧胆了。

尽管睡得妥妥的，但毕竟还是床舒服些。但我们几兄弟常常抢着睡椅条，尤其是哥哥们抢得厉害，最后弟弟多半抢不过哥哥。五兄弟都睡下后，辛劳了一天的父母总会走过来，轻轻说声“好好睡”。伴随着远处若隐若现的潮州曲乐，如洗的月色下几个浑小子脸带微笑，闭上双眼，一个个进入从星际撒下的美梦中……

听着这些往事，小伙伴们眼神亮了。这些往事是我终生的财富。我永远不能忘记，在那个物质匮乏的年代，我们身处清苦而不觉其苦。

有了这些财富，我们自然能够从容面对生活的艰辛和不易。每当读到“一箪食，一瓢饮，在陋巷，人不堪其忧，回也不改其乐”这段时，心中总能升起缕缕清香。

幸运的真谛

□林有莺

幸运不会主动找上你，幸运只垂青敢于追求它并为之奋斗的人。

阿因·图腾在十六岁的时候进入阿姆斯特丹一所化妆学校，学习特效化妆，很长一段时间，他也没制作出一件令人满意的作品，心里非常着急。

一次，他在观赏自己所崇拜的迪克·史密斯的作品时，心里突然萌生出一个想法，何不给他写一封信，请教一下特效化妆的技艺呢？

他立即写起信来，但是刚写了一个开头，同学们便发现了，纷纷笑话起他来：迪克·史密斯可是好莱坞特效化妆界的泰斗级人物，而你只是无名小卒，他会认真阅读你的邮件吗？肯定不会！他只会把你的信当成垃圾邮件，直接删除！

阿因·图腾受到同学们的冷嘲热讽，心里很不是滋味，但想想他们说得也对，这信写了也白写。他想到这儿便不再敲字了，但转念又想：我还没写好信，还没发送出去，怎么能断定大师会“冷处理”我的邮件？于是，他又坐到电脑前，继续写起信来。

邮件发送出去之后，他便没有关闭过电脑，时刻期待着收到回信。可半个月过去了，还没有收到回信，他有点沮丧，又暗自安慰自己说：他肯定会给我回信的，只是有事耽搁了。

这天夜里，他已睡下，可一听到邮箱的提示音，他来不及披衣穿鞋，直奔到电脑前。迪克·史密斯真的给他回信了！他在信中写道：这段时间在郊外工作，网络信号不好，这才读完你的邮件，真是抱歉！以后，有任何问题随时都可以向我请教……

阿因·图腾喜出望外。接下来，每完成一个作品他总要拍成照片，发送给迪克·史密斯，恳请指教。可喜的是，他发送出去的每一封邮件，都得到了迪克·史密斯的认真回复。

一年后的一天，迪克·史密斯突然来信，邀请他去好莱坞试试。就这样他获得了去好莱坞学习的机会。在迪克·史密斯的推荐下，他去了特效大师斯坦·温斯顿的工作室学习。

在学习期间，更多时候阿因·图腾只是观摩，很少有上手制作的机会，更别提参与影视的特效化妆了。他觉得没有发展的空间，学习起来便心不在焉。这时，在外地工作的迪克·史密斯知道了他的困惑，写信告诫他，机会只会留给有实力的人。

自我检讨之后，阿因·图腾开始白天专注观摩学习化妆技术，晚上面对着各种各样的面具揣摩研究。一次，斯坦·温斯顿深夜去工作室，发现阿因·图腾还在精心学习制作面具，面具做得格外逼真。于是他被允许参与《终结者3》的特效化妆。之后，他又独自担纲《潘神的迷宫》的特效化妆，获得了业内的一致好评，阿因·图腾开始在电影界崭露头角。

此后，他跻身一线特效化妆师的行列，陆续为《终结者：救世军》《钢铁侠2》《暮光之城：破晓》担纲特效化妆，也获得较好的赞誉。更为可喜的是，由他担纲的《奇迹男孩》特效化妆，获得了全世界的赞誉，也获得了第90届奥斯卡最佳特效化妆奖的提名。

在面对记者的采访时，阿因·图腾说道："我是因为一封信踏进了好莱坞，大家都认为我是幸运的宠儿。其实，幸运不会主动找上你，幸运只垂青敢于追求它并为之奋斗的人。"

这才是生活盛宴

□陈思呈

他的命运是卑微的，但他的生命是旺盛的，在他身上我看到了活着本身的乐趣，与阶层、身份、财富无关。

不少人推荐过日本电影《小森林》，这是一部近乎于纪录片的电影，没有任何情节，拍摄也非常静态，仅仅由无数日常细节组成。这部被许多人认为有治愈功能的片子让我意识到，美食和农业是能战胜空虚感的。

在空虚的时候，好好做一餐饭，然后再让它填充自己和家人的胃口，会觉得特别充实。

农业劳作也是同样的道理，看着自己在土里播下种子，它就能生长出粮食，这个过程的成就感可能超出我们的想象。

我总是想到我在吾乡乡下遇过的一个痴迷种植的人，他是农民中的工作狂，经常因为过于热爱劳动而被他的太太指责。他每天早上天没亮就出门去地里干活，他老婆说他“抢宝也没这么积极”，到天蒙蒙黑回来，又传来他老婆的骂声：“你怕自己命短，想干没命干是不是？”常听人骂老公（或老婆）懒，他家倒反过来了。

但他是为了赚钱吗？也不全是。我觉得他就是在土地上实践了他对生活的热情。

他的外号很奇怪，叫四点五。因为他是家里第六个儿子，出世时，他妈妈听说又是个男孩，不想要了，家里太穷养不起，就喊他爸去灶头抓把灰把新生儿闷死。他爸不忍，对小婴儿感叹：“你这命啊，只值半个狗。”狗在当地发音等于“九”，半个狗（九）也就是四点五。

外号暗示了他卑微的命运，大字不识一个的他，却把生活活出一种盛宴的意味。他喜欢工作，但他的平台，只限于这片土地。所以就在有限的土地上，他像一个农民科学家一样，开发出各种花样。

比如种植从来没有村民种过的作物。他种洛神花、向日葵、秋葵……这些农作物在他开始种植之前，从没在这个村子里出现过。他还热衷于嫁接：比如让丝瓜跟葫芦瓜嫁接，认为那样会产生出一种兼具两者优点的新品种（但失败了）；他又继续试图让茄子跟某种野生植物“刺茄”嫁接，他信誓旦旦地说某乡某处有人曾经试过并成功了（结果也失败了）。

其实他并没有被这失败打倒，这说明了失败本身无足轻重。重要的是，在这兴致勃勃的科研过程中，他赋予这沉重的农业生活乃至沉重的命运，以一种天真的魔幻感。他做西瓜酒。在西瓜长到七八分熟的时候，他把西瓜朝上的那一面切开一个小口，在里面填进酒曲，然后封好切口，让西瓜继续成长，酒曲开始发酵，最后，彻底成熟的整个瓜，变成一汪巨大的西瓜酒。同样的方法，他还用来做菠萝酒。

在山上，四点五向我展示他种的花生苗和别人种的花生苗多么不同。我犹豫地说：“你种的比别人的高一点。”四点五相当不满意：“高一点？这叫高一点？我告诉你，我收三斤他才收一斤。”我不识趣地加了句：“是不同品种吧？”这下他简直震惊：“不是同一品种能比吗？这都是航空二号！”他不屑地指着人家的地，“它们长得不好是下肥晚了。我都是未发芽就下肥，它们一出世就能吃到。会不会管才是大关键！”

四点五讲起农作物时，仿佛它们是他亲生的。有次我听到他边下肥边自言自语：“再不喂肥的话，就太饿了。”

农历腊月是苦瓜催芽的时节，天太冷不便催芽，他把几十颗苦瓜种子用布包好，晚上放在被窝里，白天又放在棉袄里，走哪儿带哪儿。他还让我猜猜那些苦瓜籽有多贵。未待我猜出，他就自报答案，五块钱一颗。确实不便宜，但他的姿态仿佛它们会孵出婴儿。

年轻的时候，他喜欢去很多地方砍柴，一走就是十几天，在村里找一家借宿，天冷一点就用芭蕉叶和麦秆草塞在席子下当棉絮。虽然这是迫于生计，但我还是隐隐地意识到，喜欢外出砍柴，就跟喜欢旅游是同样的道理，都是出于对这世界的好奇。

生活本身于他就是盛宴。他的命运是卑微的，但他的生命是旺盛的，在他身上我看到了活着本身的乐趣，与阶层、身份、财富无关。《小森林》中的主人公市子，她的感染力想必也是来源于此。

两只羊的细节

□许登彦

生活就像是一首牧歌，其间穿插着多少生与死、悲与欢，仿佛在不经意间，时间流逝了，那些不为人知的细节也像风一样飘散了。

在村子里，我遇到了两只羊，这是两只有思想的羊。当我的眼神和两只羊的眼神纠缠在一起的时候，我知道两只羊在村子里注定要发生点什么。

这是一个很小的村庄，是我出生直至长大的地方，埋藏着我童年全部的记忆，对于它我再熟悉不过了。那是五月一个鸟鸣清亮的早晨，我在小小的村子里走着，四处游离的眼神仿佛在寻找某种曾经丢失的东西。在路过一家牧民简陋的院子时，我注意到，大片大片金黄色的阳光正均匀地铺陈在这家牧民房屋斑驳的墙壁上面。马嘶、犬吠、羊咩、鸡鸣……这些属于一座院子的声音，开始在弥漫着潮湿动物粪便气味的空气中沸腾，此起彼伏的动物大合唱，像一条河流在村庄的上空涌动。这些声音对于这些动物的主人——牧民来说，却是一首无比动听的音乐，是小村子里他们这些半耕半牧的人生生不息的源泉。

这个时候，我看见在院子的东南一隅，一个小小的羊圈，由许多树木和树枝搭建、围成的一个不规则的多边形羊圈。从羊圈树枝间较大的缝隙里，伸出了一黑一白两只羊头，羊的上下颚有规律地嚅动着，弯曲的羊角也伸出了羊圈外。它们用四只闪闪发光的眼睛与我长久地对视。在中国西部的村子里，这是两只再普通不过的绵羊。在羊圈里，一黑一白的两只绵羊，就像两朵凝固的黑色、白色的云朵。

这时，屋门吱呀一声，打开了，一个身穿花裙子只有六七岁的小女孩，蹦跳着从屋里跑了出来。她的出现，仿佛黄土地钻出的嫩绿草芽儿，顿时鲜亮了村庄五月的天空。小女孩跑到了羊圈门口，她的小手笨拙地打开了羊圈的门，头顶长着高高羊角的一黑一白两只绵羊，一前一后像举着两把利剑通过了羊圈的门。